常微分・偏微分方程式の基礎

礒島 伸・村田実貴生・安田和弘
共著

培風館

序

高等学校までで学んだ方程式は，正体不明の数量「未知数」を求めるためのものです．大学では，1 段階レベルアップして，正体不明の「関数」を求めるための微分方程式を学びます．物理学の基礎方程式の多くは微分方程式で記述され，これを解くことでさまざまな現象が解明されてきました．逆に，より多くの微分方程式を解くために数学も発展しました．さらに，数学・物理学を現実に応用する工学においても微分方程式が重要であることはいうまでもないでしょう．

大学の理系学部で基本となる数学といえば，微分積分学と線形代数学です．その次に学ぶ数学としては，学部・学科でさまざまでしょうが，微分方程式は有力な候補です．とくに，線形微分方程式では微分積分学と線形代数学の知識を組み合わせて使うため，学習効果も高いと考えられます．

本書の内容は，基本的な常微分方程式・偏微分方程式の解析的解法の解説です．読者として微分積分学と線形代数学を学修した理工系学部 2 年生以上を想定しています．常微分方程式または偏微分方程式の半期授業テキストとして，必要な部分を組み合わせて利用できるよう，次のように構成しました．まず，微分積分学と線形代数学，複素数の基礎知識をまとめた「0 章」をおきました．そして 1 章では 1 階常微分方程式，2 章では 2 階線形常微分方程式を取り上げました．そして，3 章では工学系でよく用いられるラプラス変換を，4 章では主に理学系向けに，解の存在にかかわる話題として級数解を扱いました．続いて偏微分方程式については，5 章で基本的な 1 階方程式の解法を取り上げ，6 章では典型的な 2 階線形方程式のフーリエ級数を利用した変数分離法とフーリエ変換を利用した解法の修得を目標としました．

執筆は，礒島が 0〜2 章，村田が 3〜4 章，安田が 5〜6 章の初稿をそれぞれ担当し，その後，相互に確認して完成させました．解説にあたっては，著者それぞれの教育経験をもとに，暗記に頼らず原理を理解しながら学習を進められるよう配慮しました．なお，2022 年度から実施される高等学校の新学習指導要領では「ベクトル」の単元が数学Ｃに移されることを意識して，線形性に関する説明は丁寧にしてあります．これは培風館編集部の斉藤 淳様よりいただいた宿題でもありました．このように執筆しました本書が，理工系の大学生および指導される先生方のお役に立てば幸いです．

2021 年 3 月

著 者 一 同

目　　次

5. 1階偏微分方程式 101

6. 2階線形偏微分方程式 119

0
準　　備

0.1　微 分 法

0.1.1　1 変数関数の微分法

実数 x に，ある実数 y をただ 1 つ対応させる規則を，文字 f で表すことにする．この規則 f を**関数**（詳しくは **1 変数実関数**）といい，$y = f(x)$ と書く．あるいは，y が x によって決まることを直接的に表すために $y = y(x)$ と書くこともある．

例 0.1.1　x に x^2 を対応させる規則を考えるとき，$y = f(x) = x^2$ である．□

x と y の対応の様子は，xy 平面上に $y=f(x)$ のグラフを描くことによって視覚化することができる．いま，$y = f(x)$ のグラフ上の異なる 2 点 $\mathrm{A}(a, f(a))$ と $\mathrm{B}(b, f(b))$ を通る直線 AB の傾きは

$$\frac{f(b) - f(a)}{b - a} \tag{0.1}$$

で与えられ，これは点 A から点 B への**平均変化率**を表している．ここで，$x = b$ を $x = a$ に限りなく近づけると，点 $(a, f(a))$ における $y = f(x)$ のグラフの瞬間変化率が得られる．また直線 AB は，点 $(a, f(a))$ における $y = f(x)$ のグラフの**接線**に近づいていく（図 0.1）．

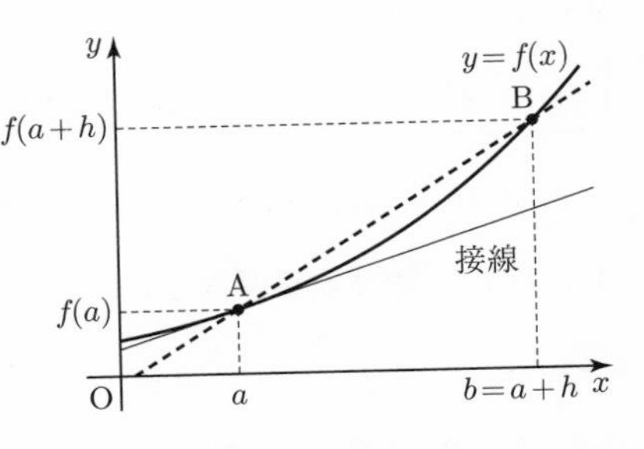

図 0.1　直線 AB と点 A における接線

いま，$b = a + h$ と表し，極限

$$\lim_{h\to 0} \frac{f(a+h) - f(a)}{h} \tag{0.2}$$

を関数 $f(x)$ の $x=a$ における**微分係数**といい，$f'(a)$ で表す．$x=a$ における微分係数 $f'(a)$ が存在するとき，$f(x)$ は $x=a$ で**微分可能**であるという．$f(x)$ が $x=a$ で微分可能であることと，

$$f(a+h)=f(a)+mh+R(h),$$

$$\lim_{h\to 0}\frac{R(h)}{h}=0$$

を満たす定数 m と関数 $R(h)$ が存在することとは同値である．この式は，$x=a$ から少しずれた $x=a+h$ における関数値 $f(a+h)$ を，$f(a)$ にずれ幅 h の1次式を加えることでうまく近似できることを意味する．

例 0.1.2　$y=f(x)=x^2$ のとき，

$$f(a+h)=(a+h)^2=a^2+2ah+h^2$$

であることから $m=2a$, $R(h)=h^2$ がわかる．この結果は任意の実数 a に対して成り立つから，$f(x)=x^2$ は実数全体で微分可能である．□

微分係数 (0.2) において，a は自由にとることができるから，a を変数とみなし，a に $f'(a)$ を対応させる関数を考える．ただし，通常は文字 a を x に書き直す．これを $f(x)$ の**導関数**といい，$\dfrac{df}{dx}$ と表す．誤解のおそれがない場合は，$y=f(x)$ の導関数を y' や $f'(x)$ で表すこともある．

例 0.1.3　$y=f(x)=x^2$ の導関数は $f'(x)=2x$ である．□

関数 $f(x)$ の導関数が微分可能であるときに，これをもう一度微分したものを，$f(x)$ の**第2次導関数**といい，$\dfrac{d^2f}{dx^2}$ や $f''(x)$ などの記号で表す．同様に微分を繰り返して $f(x)$ を n 回微分した関数を $f(x)$ の**第 n 次導関数**といい，$\dfrac{d^nf}{dx^n}$ や $f^{(n)}(x)$ などの記号で表す．関数の積の第 n 次導関数の計算には，**ライプニッツ則**

$$\{f(x)g(x)\}^{(n)}=\sum_{k=0}^{n}{}_n\mathrm{C}_k f^{(n-k)}(x)g^{(k)}(x) \tag{0.3}$$

が便利である．ここで ${}_n\mathrm{C}_k$ は2項係数である．$n=1$ のときは積の微分公式 $(fg)'=f'g+fg'$ であり，$n=2$ のときは

$$(fg)''=f''g+2f'g'+fg'' \tag{0.4}$$

となる.

導関数を求めるとき，定義 (0.2) にもどって計算するのは大変である．通常は，代表的な関数の導関数と，いくつかの公式とを組み合わせて求める．

0.1.2 2変数関数の微分法

前項では，1個の実数に1個の実数を対応させる**1変数実関数**を考えた．本項では，2個の実数の組 (x,y) に対して1個の実数 z を対応させる**2変数実関数**を考える．対応規則を文字 f で表すと，$z=f(x,y)$ となる．

例 0.1.4 実数の組 (x,y) に，実数 $z=x^2+y^2$ を対応させる規則を考えるとき，$z=f(x,y)=x^2+y^2$ である． □

2変数関数 $z=f(x,y)$ の性質を調べるために，変数 y を固定して x についての導関数

$$\lim_{h\to 0}\frac{f(x+h,y)-f(x,y)}{h}$$

を考える．これを $z=f(x,y)$ の x に関する**偏導関数**といい，$\dfrac{\partial f}{\partial x}(x,y)$ や $f_x(x,y)$ などの記号で表す．同様に，変数 x を固定して y についての導関数

$$\lim_{k\to 0}\frac{f(x,y+k)-f(x,y)}{k}$$

を考え，これを $z=f(x,y)$ の y に関する**偏導関数**といい，$\dfrac{\partial f}{\partial y}(x,y)$ や $f_y(x,y)$ などの記号で表す．$z=f(x,y)$ の偏導関数を求めることを，$z=f(x,y)$ を**偏微分する**という．

偏導関数では，x 軸方向または y 軸方向という特別な方向を考えているために偏りがある．そこで，あらゆる方向を考える微分として次を考えよう．1変数関数に対する考え方を拡張して，$(x,y)=(a,b)$ から少しずれた $(x,y)=(a+h,b+k)$ における関数値 $f(a+h,b+k)$ を，$f(a,b)$ にずれ幅 h および k の1次式を加えることで近似することを考える．ある定数 m, n と関数 $R(h,k)$ があって

$$f(a+h,b+k)=f(a,b)+mh+nk+R(h,k),$$

$$\lim_{(h,k)\to(0,0)}\frac{R(h,k)}{\sqrt{h^2+k^2}}=0$$

と表せるとき，$f(x,y)$ は $(x,y)=(a,b)$ で**全微分可能**であるという．

例 0.1.5　$f(x,y)=x^2+y^2$ について，

$$\begin{aligned} f(a+h,b+k) &= (a+h)^2+(b+k)^2 \\ &= a^2+b^2+2ah+2bk+h^2+k^2 \\ &= f(a,b)+2ah+2bk+h^2+k^2 \end{aligned}$$

であり，$m=2a$, $n=2b$, $R(h,k)=h^2+k^2$ であることがわかる．実際，

$$\frac{R(h,k)}{\sqrt{h^2+k^2}}=\sqrt{h^2+k^2}\to 0 \quad ((h,k)\to(0,0))$$

である．□

もし $f(x,y)$ が $(x,y)=(a,b)$ で全微分可能であれば，

$$m=f_x(a,b), \quad n=f_y(a,b)$$

となることがわかっている．ずれの 1 次式で表される項は重要なので，その情報を取り出して書いた

$$df=f_x(x,y)\,dx+f_y(x,y)\,dy$$

という形の式を，$f(x,y)$ の**全微分**という．

例 0.1.6　$f(x,y)=x^2+y^2$ について，$f_x(x,y)=2x$，$f_y(x,y)=2y$ であるから，その全微分は

$$df=2x\,dx+2y\,dy$$

である．□

多変数関数の微分法については，5.1 節でさらに詳しく述べる．

0.1.3 陰関数とその微分法

x, y の 2 変数関数 $f(x,y)$ が与えられているとする．関係式 $f(x,y)=0$ を課すと，x の値を決めれば，この式を満たすような特定の y の値が定まる．このような対応により y を x の関数とみなすとき，これを関数 $y(x)$ の**陰関数表示**という．これに対し，関数 $y=y(x)$ は，文字 x の式で y を具体的に書くことで，x と y の関係を示していると考えられる．これを関数 $y(x)$ の**陽関数表示**という．ただし，陽関数表示はいつも導けるとは限らない．

例 0.1.7　$f(x,y)=x^2+y^2-1=0$ により y を x の関数とみなすことができる．たとえば $x=0$ のとき，$y=1$ または $y=-1$ である．一方，関係式 $f(x,y)=0$ を y について解けば $y=\pm\sqrt{1-x^2}$ と具体的に書くことができる．□

$f(x,y)=0$ を $y=g(x)$ の形に変形することが不可能あるいは困難なとき，両辺を x で微分し，$y'(x)$ について解くことによって $y'(x)$ を求める方法が**陰関数の微分法**である．

例 0.1.8　$f(x,y)=x^2+y^2-1=0$ により y を x の関数とみなすとき，両辺を x で微分すると $2x+2yy'=0$ となり，これより $y'=-\dfrac{x}{y}$ が得られる．この例の場合は，陽関数表示 $y=\pm\sqrt{1-x^2}$ を微分することで

$$y'=\pm\frac{1}{2}\frac{-2x}{\sqrt{1-x^2}}=\mp\frac{x}{\sqrt{1-x^2}}=-\frac{x}{y}$$

と計算することもできる．□

0.1 節の問題

0.1.1　次の関数の導関数を求めよ．

(1) $y=(2x-3)^{100}$　(2) $y=e^{2x^2}$　(3) $y=e^x\cos x$　(4) $y=\dfrac{x+1}{x^2+x+1}$

0.1.2　$f(x)$ は微分可能な関数であるとする．このとき，$u(x)=\dfrac{f(x)}{x}$ の導関数 $u'(x)$ を求めよ．

（注意：$u'(x)$ を，与えられている x, $f(x)$, $f'(x)$ で表せ，という意味である．）

0.1.3　次の関数の第 n 次導関数を求めよ．

(1) $f(x)=\sin x$　(2) $g(x)=x^2e^x$

0.1.4　関係式 $x^3+xy+e^y=1$ によって y を x の関数とみなすとき，$\dfrac{dy}{dx}$ を x と y の式で表せ．

0.2 積 分 法

0.2.1 1 変数関数の積分法

関数 $f(x)$ に対し $F'(x) = f(x)$ となる関数 $F(x)$ を，$f(x)$ の**原始関数**という．$f(x)$ の原始関数は無数に存在する．実際，ある $F(x)$ が $f(x)$ の原始関数ならば，C を定数として $F(x) + C$ も $f(x)$ の原始関数である．そこで，関数 $f(x)$ の原始関数全体の集合を $f(x)$ の**不定積分**といって，記号 $\int f(x)\,dx$ で表す．$f(x)$ の原始関数の一つを $F(x)$ と書くと，C を任意定数として

$$\int f(x)\,dx = F(x) + C$$

である．このときの定数 C を**積分定数**という．

一方, 非負の値をとる関数 $y = f(x)$ のグラフの $a \leq x \leq b$ の部分と，直線 $x = a, x = b$ および x 軸で囲まれる部分の面積 S を，次のように近似して求めることを考える．**閉区間** $I = [a, b] = \{x \mid a \leq x \leq b\}$ を，

$$a = \xi_0 \leq \xi_1 \leq \cdots \leq \xi_n = b$$

と分割する．分割してできた小区間

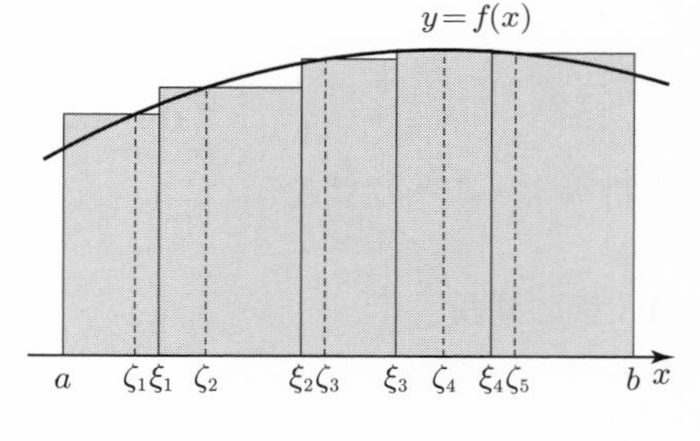

図 0.2 リーマン和の例 (R_5)

$$I_k = [\xi_{k-1}, \xi_k] = \{x \mid \xi_{k-1} \leq x \leq \xi_k\} \quad (k = 1, 2, \ldots, n)$$

のそれぞれから実数 ζ_k をとる．そして次の**リーマン和**

$$R_n = \sum_{k=1}^{n} f(\zeta_k)(\xi_k - \xi_{k-1})$$

を考える．ここで $f(\zeta_k)(\xi_k - \xi_{k-1})$ は，区間 I_k を底辺とする高さ $f(\zeta_k)$ の長方形の面積であることに注意しよう．よって，リーマン和は，上で述べた面積 S を近似していることがわかる（図 0.2）．どの小区間の幅も 0 に近づくように $n \to \infty$ とする，すなわち分割を細かくしていくとき，R_n が分割のとり方および各 ζ_k の選び方によらずに一定の値に近づくならば，その値 $\lim_{n\to\infty} R_n$ を I における $f(x)$ の**定積分**といい，

$$\int_a^b f(x)\,dx$$

で表す．このとき，$f(x)$ を**被積分関数**，a を**下端**，b を**上端**という．

●**注意**：区間を等間隔に分割し，小区間からとる点として区間の右端（または左端）を選ぶと次のようになる：

$$\int_a^b f(x)\,dx = \lim_{n\to\infty}\sum_{k=0}^{n-1} f\left(a+\frac{(b-a)k}{n}\right)\frac{b-a}{n}$$
$$= \lim_{n\to\infty}\sum_{k=1}^{n} f\left(a+\frac{(b-a)k}{n}\right)\frac{b-a}{n}.$$

定積分の定義は，微分法とは関係がない．また，不定積分と定積分の関係もこの段階ではわからない．しかし，次の**微分積分学の基本定理**が知られている．

微分積分学の基本定理

$$\frac{d}{dx}\int_a^x f(t)\,dt = f(x)$$

つまり，「関数 f の定積分の上端を変数 x に置き換えて x の関数とみなすと，これが f の原始関数になる」という形で積分と微分の関係が明らかになる．なお，次の公式

$$\int_a^b f(x)\,dx = \Big[F(x)\Big]_a^b = F(b)-F(a)$$

も微分積分学の基本定理とよばれ，「f の定積分の値は，その原始関数 F の上端・下端での値だけから求められる」という強力な公式である．

不定積分を求めるとき，基本的な関数の不定積分と，いくつかの公式とを組み合わせることが多い．とくに，次の**置換積分法**

置換積分法

不定積分：$y=g(x)$ のとき

$$\int f(y)\,dy = \int f(g(x))g'(x)\,dx = \int f(g(x))\frac{dy}{dx}\,dx.$$

定積分：$y=g(x)$ のとき，$a=g(\alpha), b=g(\beta)$ として

$$\int_a^b f(y)\,dy = \int_\alpha^\beta f(g(x))g'(x)\,dx = \int_\alpha^\beta f(g(x))\frac{dy}{dx}\,dx.$$

および**部分積分法**は重要である．

部分積分法

不定積分：

$$\int f(x)g'(x)\,dx = f(x)g(x) - \int f'(x)g(x)\,dx.$$

定積分：

$$\int_a^b f(x)g'(x)\,dx = \Big[f(x)g(x)\Big]_a^b - \int_a^b f'(x)g(x)\,dx.$$

0.2.2 広 義 積 分

前項での定積分の定義は，有限な幅をもつ閉区間 $[a,b]$ について与えられた．この積分の定義を無限区間に拡張しよう．関数 $f(x)$ を，半無限区間 $[a,\infty)$ で定義された連続関数とする．極限値

$$\lim_{L\to\infty}\int_a^L f(x)\,dx \tag{0.5}$$

が存在するとき，$f(x)$ は区間 $[a,\infty)$ において**積分可能**であるという．また，この極限値を，$f(x)$ の区間 $[a,\infty)$ における定積分といって

$$\int_a^\infty f(x)\,dx \tag{0.6}$$

で表す．したがって，積分可能であるとき

$$\lim_{L\to\infty}\int_a^L f(x)\,dx = \int_a^\infty f(x)\,dx \tag{0.7}$$

と書く．積分可能であることを，広義積分 $\displaystyle\int_a^\infty f(x)\,dx$ が**収束する**ともいい，積分可能でないことを，広義積分 $\displaystyle\int_a^\infty f(x)\,dx$ が**発散する**ともいう．

例 0.2.1　α を正の実数とする．広義積分 $\displaystyle\int_1^\infty \frac{dx}{x^\alpha}$ は，$\alpha=1$ のとき

$$\int_1^L \frac{dx}{x^\alpha} = [\log|x|]_1^L = \log L \to \infty \ (L\to\infty)$$

であるから発散し，$0<\alpha<1$ のとき

$$\int_1^L \frac{dx}{x^\alpha} = \left[\frac{1}{1-\alpha}x^{1-\alpha}\right]_1^L = \frac{1}{1-\alpha}\left(L^{1-\alpha}-1\right) \to \infty \ (L \to \infty)$$

であるからやはり発散する．$\alpha > 1$ のときは

$$\int_1^L \frac{dx}{x^\alpha} = \left[\frac{1}{1-\alpha}x^{1-\alpha}\right]_1^L = \frac{1}{1-\alpha}\left(L^{1-\alpha}-1\right) \to \frac{1}{\alpha-1} \ (L \to \infty)$$

であるから収束して $\displaystyle\int_1^\infty \frac{dx}{x^\alpha} = \frac{1}{\alpha-1}$ である． □

0.2 節の問題

0.2.1 次の不定積分を求めよ．

(1) $\displaystyle\int \frac{x+1}{\sqrt{x}}\,dx$ (2) $\displaystyle\int (2x+1)^{\frac{2}{3}}\,dx$ (3) $\displaystyle\int \sin(2-3x)\,dx$ (4) $\displaystyle\int 2^x\,dx$

0.2.2 次の不定積分を求めよ．（置換積分）

(1) $\displaystyle\int \frac{x^6}{2+3x^7}\,dx$ (2) $\displaystyle\int xe^{2x^2}\,dx$

0.2.3 次の不定積分を求めよ．（部分積分）

(1) $\displaystyle\int x^2 \sin x\,dx$ (2) $\displaystyle\int \log x\,dx$

0.2.4 次の不定積分を求めよ．

(1) $\displaystyle\int \frac{dx}{1-3x}$ (2) $\displaystyle\int \frac{dx}{x^2+3x-4}$

((2) のヒント：$\displaystyle\frac{1}{x^2+3x-4} = \frac{1}{(x+4)(x-1)} = \frac{a}{x+4} + \frac{b}{x-1}$ と変形する（**部分分数分解**という）．ここで a, b は実数である．）

0.2.5 広義積分

$$\int_0^\infty e^{-x}\,dx$$

の値を求めよ．

0.3 ベクトルと行列

0.3.1 ベクトル

原点をOとする直交座標平面上の点A, Bに対して，AからBへ向かう**有向線分**を記号 $\overrightarrow{\mathrm{AB}}$ で表し，矢印により図示する．点A, Bを，それぞれ $\overrightarrow{\mathrm{AB}}$ の始点，終点という．有向線分の長さと向きだけを考えて位置を問題にしないとき，これを**平面ベクトル**または単に**ベクトル**という．ベクトルを1つの文字で $\overrightarrow{a} = \overrightarrow{\mathrm{AB}}$ のように表すこともある．

例 0.3.1　A(1, 2)，B(3, 1)，C(2, 3)，D(4, 2)とする．$\overrightarrow{\mathrm{AB}}$ と $\overrightarrow{\mathrm{CD}}$ は平行移動で重ね合わせることができ，同じベクトルである．□

あるベクトル $\overrightarrow{x}$ が与えられたとし，平行移動により $\overrightarrow{x}$ の始点をOに移動する．このときの $\overrightarrow{x}$ の終点が $\mathrm{P}(x, y)$，つまり $\overrightarrow{x} = \overrightarrow{\mathrm{OP}}$ であるとする．この点Pの座標を $\overrightarrow{x}$ の**成分**とよび，

$$\overrightarrow{x} = \begin{bmatrix} x \\ y \end{bmatrix} \tag{0.8}$$

と表す．逆に，点 $\mathrm{P}(x, y)$ が与えられたとき，ベクトル $\overrightarrow{\mathrm{OP}}$ を考えることができる．これを点Pの**位置ベクトル**という．

例 0.3.2　例0.3.1で考えたベクトル $\overrightarrow{\mathrm{AB}}$ の成分は $\begin{bmatrix} 2 \\ -1 \end{bmatrix}$ である．□

成分は，2個の実数 x, y を組にして並べたものであり，**2次元数ベクトル**という．数ベクトルを太文字 $\boldsymbol{x}$ で表すこともある．こうして，もともと別の対象である平面ベクトル，平面上の点，および2次元数ベクトル $\overrightarrow{x}$ を相互に対応させることができる．

2個の2次元数ベクトル $\boldsymbol{x}_1 = \begin{bmatrix} x_1 \\ y_1 \end{bmatrix}, \boldsymbol{x}_2 = \begin{bmatrix} x_2 \\ y_2 \end{bmatrix}$ の**和** $\boldsymbol{x}_1 + \boldsymbol{x}_2$ を

$$\boldsymbol{x}_1 + \boldsymbol{x}_2 = \begin{bmatrix} x_1 + x_2 \\ y_1 + y_2 \end{bmatrix} \tag{0.9}$$

で定義する．また，実数 k に対し，$\boldsymbol{x} = \begin{bmatrix} x \\ y \end{bmatrix}$ の k 倍（**スカラー倍**）$k\boldsymbol{x}$ を

$$k\boldsymbol{x} = \begin{bmatrix} kx \\ ky \end{bmatrix} \tag{0.10}$$

で定義する．和，スカラー倍の結果は，やはり2次元数ベクトルである．2次元数ベクトルの和およびスカラー倍は，次の性質をもつ．ここで $\boldsymbol{x}_1$, $\boldsymbol{x}_2$, $\boldsymbol{x}_3$, $\boldsymbol{x}$ はベクトルであり，k, l は実数である．

『和とスカラー倍の性質』

(1) $\boldsymbol{x}_1 + \boldsymbol{x}_2 = \boldsymbol{x}_2 + \boldsymbol{x}_1$
(2) $(\boldsymbol{x}_1 + \boldsymbol{x}_2) + \boldsymbol{x}_3 = \boldsymbol{x}_1 + (\boldsymbol{x}_2 + \boldsymbol{x}_3)$
(3) すべてのベクトル $\boldsymbol{x}$ について $\boldsymbol{x} + \boldsymbol{0} = \boldsymbol{0} + \boldsymbol{x} = \boldsymbol{x}$ を満たすベクトル $\boldsymbol{0}$ が存在する．
(4) 各ベクトル $\boldsymbol{x}$ に対し $\boldsymbol{x} + \boldsymbol{z} = \boldsymbol{z} + \boldsymbol{x} = \boldsymbol{0}$ となるベクトル $\boldsymbol{z}$ が存在する．
(5) $k(l\boldsymbol{x}) = (kl)\boldsymbol{x}$
(6) $1\boldsymbol{x} = \boldsymbol{x}$
(7) $(k + l)\boldsymbol{x} = k\boldsymbol{x} + l\boldsymbol{x}$
(8) $k(\boldsymbol{x}_1 + \boldsymbol{x}_2) = k\boldsymbol{x}_1 + k\boldsymbol{x}_2$

(3) のベクトル $\boldsymbol{0}$ を**零ベクトル**といい，(4) のベクトル $\boldsymbol{z}$ を $\boldsymbol{x}$ の**逆ベクトル**という．それぞれ具体的には

$$\boldsymbol{0} = \begin{bmatrix} 0 \\ 0 \end{bmatrix} \quad \text{および} \quad \boldsymbol{z} = -\boldsymbol{x} = \begin{bmatrix} -x \\ -y \end{bmatrix}$$

と表される．

平面ベクトルの成分は，2個の実数の組で与えられた．座標空間内で同様の議論を行うことで**空間ベクトル**を考えることができ，その成分は3個の実数の組 (x, y, z) で与えられることがわかる．次項では，さらに一般化して，m 個の実数の組である $\boldsymbol{m}$ **次元数ベクトル** $(x_1, x_2, \ldots, x_m)$ も考えていく．

0.3.2　行　　列

(1)　行列の定義と基本用語

m, n を自然数とする．$m \times n$ 個の実数 a_{ij} $(i = 1, 2, \ldots, m;\ j = 1, 2, \ldots, n)$ を長方形に並べたもの

$$A = \begin{bmatrix} a_{11} & a_{12} & \dots & a_{1n} \\ a_{21} & a_{22} & \dots & a_{2n} \\ \vdots & \vdots & & \vdots \\ a_{m1} & a_{m2} & \dots & a_{mn} \end{bmatrix} \tag{0.11}$$

を $\boldsymbol{m \times n}$ **行列**といい，上記の A のように大文字のアルファベットで表す．行列 A の「かたち」を表す自然数の組 (m, n) を行列 A の**型**という．行列において，上から i 番目にある横方向の数の並びを**第 $\boldsymbol{i}$ 行**といい，左から j 番目にある縦方向の数の並びを**第 $\boldsymbol{j}$ 列**という．つまり，a_{ij} は 2 個の添え字 i と j をもち，第 i 行かつ第 j 列の位置にある実数であり，これを**第 $\boldsymbol{(i, j)}$ 成分**という．行列 A を $A = \left[a_{ij}\right]$ と略記することがある．

例 0.3.3　$A = \begin{bmatrix} 6 & 5 & 4 \\ 3 & 2 & 1 \end{bmatrix}$ は 2×3 行列である．A の第 $(1, 2)$ 成分は 5 である．$A = [a_{ij}]$ と書くとき，$a_{23} = 1$ である．□

とくに，$n \times n$ 行列を $\boldsymbol{n}$ **次正方行列**ともいう．また，$m \times 1$ 行列を $\boldsymbol{m}$ **次元縦ベクトル**といい，$1 \times n$ 行列を $\boldsymbol{n}$ **次元横ベクトル**という．$m \times n$ 行列は，n 個の m 次元数ベクトルを横に並べたもの，あるいは m 個の n 次元横ベクトルを縦に並べたもの，と考えることができる．

例 0.3.4　例 0.3.3 の行列 A は，$\boldsymbol{a}_1 = \begin{bmatrix} 6 \\ 3 \end{bmatrix}$, $\boldsymbol{a}_2 = \begin{bmatrix} 5 \\ 2 \end{bmatrix}$, $\boldsymbol{a}_3 = \begin{bmatrix} 4 \\ 1 \end{bmatrix}$ として $A = [\boldsymbol{a}_1 \ \boldsymbol{a}_2 \ \boldsymbol{a}_3]$ と表すことができる．また，$\boldsymbol{a}'_1 = [6 \ \ 5 \ \ 4]$, $\boldsymbol{a}'_2 = [3 \ \ 2 \ \ 1]$ として $A = \begin{bmatrix} \boldsymbol{a}'_1 \\ \boldsymbol{a}'_2 \end{bmatrix}$ と表すことができる．□

次の形の n 次正方行列

$$\begin{bmatrix} 1 & 0 & \cdots & 0 \\ 0 & 1 & \cdots & 0 \\ \vdots & & \ddots & \vdots \\ 0 & 0 & \cdots & 1 \end{bmatrix}$$

を $\boldsymbol{n}$ **次単位行列**といい，記号 E または E_n で表す（I や I_n も使われることがある）．すべての成分が 0 である行列を**零行列**といい，記号 O で表す．$m \times n$ 行列であることを明記するために $O_{m,n}$ と書くこともある．

(2)　行列の演算

2つの行列 $A=[a_{ij}]$ と $B=[b_{ij}]$ が等しいとは，両者の型が同じで，すべての i,j について $a_{ij}=b_{ij}$ であることをいう．型が同じ行列 $A=[a_{ij}]$ と $B=[b_{ij}]$ の**和** $A+B$ を

$$A+B=[a_{ij}+b_{ij}]$$

で定義する．つまり，$A+B$ は，A の第 (i,j) 成分 a_{ij} と B の第 (i,j) 成分 b_{ij} の和 $a_{ij}+b_{ij}$ を第 (i,j) 成分としてもつ行列で，その型は A と（したがって B とも）同じである．

例 0.3.5　$A=\begin{bmatrix}1&2\\3&4\end{bmatrix}$, $B=\begin{bmatrix}5&6\\7&8\end{bmatrix}$ とするとき, $A+B=\begin{bmatrix}1+5&2+6\\3+7&4+8\end{bmatrix}=\begin{bmatrix}6&8\\10&12\end{bmatrix}$ である．□

また，行列 $A=[a_{ij}]$ と実数 k に対し，A の k 倍（**スカラー倍**）kA を

$$kA=[ka_{ij}]$$

で定義する．型が同じ行列の**差**を，$A-B=A+(-1)B$ で定める．行列の和とスカラー倍は，11 ページの『和とスカラー倍の性質』を満たす．ただし，ベクトルを，型が同じ行列にそれぞれ置き換えるものとする．

そして，$m\times l$ 行列 $A=[a_{ik}]$，$l\times n$ 行列 $B=[b_{kj}]$ の**積** AB を，第 (i,j) 成分が $\displaystyle\sum_{k=1}^{l}a_{ik}b_{kj}$ である $m\times n$ 行列として定義する．行列の積についてはとくに注意が必要である．積 AB が定義されるには「型の組合せ」が合っている必要がある．AB が定義されても BA が定義されるとは限らず，定義されても一般には $AB\neq BA$ である．

例 0.3.6　$A=\begin{bmatrix}1&2\\3&4\end{bmatrix}$, $B=\begin{bmatrix}5&6\\7&8\end{bmatrix}$ とするとき，

$$AB=\begin{bmatrix}1\cdot5+2\cdot7&1\cdot6+2\cdot8\\3\cdot5+4\cdot7&3\cdot6+4\cdot8\end{bmatrix}=\begin{bmatrix}19&22\\43&50\end{bmatrix}$$

である．また，$BA=\begin{bmatrix}23&34\\31&46\end{bmatrix}$ であり，$AB\neq BA$ となる．□

線形代数で非常に重要なテーマの一つが連立1次方程式である．連立1次方程式は，行列やベクトルを用いて表現することができる．

例 0.3.7　連立 1 次方程式 $\begin{cases} 2x+3y=-1 \\ x-y=2 \end{cases}$ は,

$$\begin{cases} 2x+3y=-1 \\ x-y=2 \end{cases} \iff \begin{bmatrix} 2x+3y \\ x-y \end{bmatrix} = \begin{bmatrix} -1 \\ 2 \end{bmatrix} \iff \begin{bmatrix} 2 & 3 \\ 1 & -1 \end{bmatrix} \begin{bmatrix} x \\ y \end{bmatrix} = \begin{bmatrix} -1 \\ 2 \end{bmatrix}$$

のようにさまざまな表示ができる．行列 $\begin{bmatrix} 2 & 3 \\ 1 & -1 \end{bmatrix}$ を**係数行列**，ベクトル $\begin{bmatrix} x \\ y \end{bmatrix}$, $\begin{bmatrix} -1 \\ 2 \end{bmatrix}$ をそれぞれ変数ベクトル，定数ベクトルという．係数行列の右側に定数ベクトルを付け加えた行列 $\begin{bmatrix} 2 & 3 & -1 \\ 1 & -1 & 2 \end{bmatrix}$ を**拡大係数行列**といい，もとの連立 1 次方程式の本質的な情報を十分に含んでいる．□

次に，行列の行に対する次の 3 種類の操作を考えよう．

- 第 i 行と第 j 行を入れ替える．これを操作 $R_1(i,j)$ とよぶ．
- α を 0 でない実数として第 i 行を α 倍する．これを操作 $R_2(i;\alpha)$ とよぶ．
- α を実数として，第 i 行に第 j 行の α 倍を加える．これを操作 $R_3(i;j;\alpha)$ とよぶ．

操作 $R_3(i;j;\alpha)$ では，第 i 行が変形され第 j 行は変化しないことに注意しよう．この 3 つの操作をまとめて**行基本変形**という．拡大係数行列に対して行基本変形を繰り返し施すことで，連立 1 次方程式の解を求める計算（**掃き出し法**という）を行うことができる．

例題 0.3.1

連立 1 次方程式

$$\begin{cases} 2x+3y=-1 \\ x-y=2 \end{cases} \iff \begin{bmatrix} 2 & 3 \\ 1 & -1 \end{bmatrix} \begin{bmatrix} x \\ y \end{bmatrix} = \begin{bmatrix} -1 \\ 2 \end{bmatrix} \tag{0.12}$$

を解け．

【解答】 方程式の第 1 式と第 2 式の順番を入れ替える．この式変形は，拡大係数行列に変形 $R_1(1,2)$ を施すことに対応する：

$$\begin{cases} x - \ \ y = 2 \\ 2x + 3y = -1 \end{cases} \iff \begin{bmatrix} 1 & -1 & 2 \\ 2 & 3 & -1 \end{bmatrix}.$$

なお，この変形の狙いは，第 1 式の x の係数を 1 にすることである．次に，変形後の第 2 式に第 1 式を -2 倍した式を加える．この式変形は，拡大係数行列に変形 $R_3(2;1;-2)$ を施すことに対応する：

$$\begin{cases} x - y = 2 \\ \quad\ 5y = -5 \end{cases} \iff \begin{bmatrix} 1 & -1 & 2 \\ 0 & 5 & -5 \end{bmatrix}.$$

この変形の狙いは，第 2 式から文字 x を消去することである．そして，第 2 式の両辺に $\frac{1}{5}$ を掛ける．この式変形は，拡大係数行列に変形 $R_2(2;\frac{1}{5})$ を施すことに対応する：

$$\begin{cases} x - y = 2 \\ \qquad y = -1 \end{cases} \iff \begin{bmatrix} 1 & -1 & 2 \\ 0 & 1 & -1 \end{bmatrix}.$$

この変形の狙いは，第 2 式の y の係数を 1 にすることである．最後に，第 1 式に第 2 式を加える．この式変形は，拡大係数行列に変形 $R_3(1;2;1)$ を施すことに対応する：

$$\begin{cases} x \qquad = 1 \\ \qquad y = -1 \end{cases} \iff \begin{bmatrix} 1 & 0 & 1 \\ 0 & 1 & -1 \end{bmatrix}. \tag{0.13}$$

この変形の狙いは，第 1 式から文字 y を消去することである．このように変形を行ってきて得られた方程式 (0.13) の解は $x = 1$, $y = -1$ であることがすぐにわかる．

上記の方程式に対する操作は，すべて同値な変形（逆もどりができる変形）であるから，(0.12) の解は (0.13) の解と一致し，$x = 1$, $y = -1$ である．　■

0.3.3　逆 行 列

実数 1 は「任意の実数 k に対して $1 \times k = k \times 1 = k$ が成り立つ」という性質をもつ．0 でない実数 a に対して，$ax = xa = 1$ を満たす実数 $x \left(= \frac{1}{a}\right)$ が必ず存在し，これを a の**逆数**というのであった．

n 次正方行列全体の集合において，実数の 1 に対応するものは単位行列である．実際，任意の n 次正方行列 A に対して $EA = AE = A$ が成り立つ．ここ

で，n 次正方行列 A に対して

$$AX = XA = E$$

を満たす n 次正方行列 X が存在するとき，A を**正則行列**といい，この X を A の**逆行列**といって通常 A^{-1} と書く．それでは，すべての n 次正方行列は正則行列だろうか？ 零行列は正則行列ではない．どのような X についても $OX = XO = O \neq E$ となるからである．では $A \neq O$ ならばよいかというと，そうではない．次の例をみてみよう．

例 0.3.8　$A = \begin{bmatrix} 0 & 1 \\ 0 & 0 \end{bmatrix} \neq O$ を考える．$X = \begin{bmatrix} x & y \\ z & w \end{bmatrix}$ とおくと，$AX = \begin{bmatrix} z & w \\ 0 & 0 \end{bmatrix}$ となり，どのように x, y, z, w を選んでも $AX = E$ は成り立たない．

□

0.3 節の問題

0.3.1 $\boldsymbol{x} = \begin{bmatrix} 2 \\ -1 \end{bmatrix}$, $\boldsymbol{y} = \begin{bmatrix} 3 \\ 5 \end{bmatrix}$ とするとき，次のベクトルを求めよ．

(1) $\boldsymbol{x} + \boldsymbol{y}$　(2) $-\boldsymbol{y}$　(3) $\boldsymbol{x} - \boldsymbol{y}$　(4) $2\boldsymbol{x} - 3\boldsymbol{y}$

0.3.2 $A = \begin{bmatrix} 1 & 2 & 3 \\ 3 & 2 & 1 \end{bmatrix}$, $B = \begin{bmatrix} 2 & -1 & -2 \\ -4 & 1 & 1 \end{bmatrix}$, $C = \begin{bmatrix} -3 & 4 & 1 \\ 2 & 3 & -4 \end{bmatrix}$ とするとき，次の行列を求めよ．

(1) $2A$　(2) $-B$　(3) $A - B$

(4) $2(A + C)$　(5) $(A + B) + C$　(6) $A + (B + C)$

0.3.3 $A = \begin{bmatrix} 3 & 0 \\ 0 & 2 \end{bmatrix}$, $B = \begin{bmatrix} 2 & -1 \\ 3 & 1 \end{bmatrix}$, $C = \begin{bmatrix} -1 & 2 & 3 \\ 4 & -2 & 1 \end{bmatrix}$ とするとき，次の行列を求めよ．

(1) AB　(2) BA　(3) $(A + B)C$

(4) AC　(5) BC　(6) $AC + BC$

0.3.4 行列 $A = \begin{bmatrix} 1 & -2 \end{bmatrix}$, $B = \begin{bmatrix} 2 & 4 \\ 1 & 1 \end{bmatrix}$, $C = \begin{bmatrix} 2 \\ -3 \end{bmatrix}$ の相異なる 2 つの積で，定義されるものをすべて求めよ．

0.3.5 2 次正方行列 $A = \begin{bmatrix} a & b \\ c & d \end{bmatrix}$ の成分が $ad - bc \neq 0$ を満たすとき，逆行列の公式 $A^{-1} = \dfrac{1}{ad - bc} \begin{bmatrix} d & -b \\ -c & a \end{bmatrix}$ が知られている．この公式を用いて，$A = \begin{bmatrix} 2 & 3 \\ 1 & 5 \end{bmatrix}$ の逆行列 A^{-1} を求めよ．

0.4　ベクトル空間

数ベクトル空間の考え方は，さらに一般化することができる．本書においては，同次線形微分方程式の解全体の集合がベクトル空間になることを用いて説明を行う．具体的には 2.2 節を参照してほしい．

0.4.1　一般のベクトル空間

集合 V があるとする．さらに，V のすべての要素 $\boldsymbol{x}, \boldsymbol{y}$ に対して**和** $\boldsymbol{x}+\boldsymbol{y}$ という演算が定義され，和の結果も V の要素になっているものとする．そして，V のすべての要素 $\boldsymbol{x}$ と実数 k に対して**スカラー倍** $k\boldsymbol{x}$ が定義され，$k\boldsymbol{x}$ も V の要素になるものとする．さらに，この和とスカラー倍は 11 ページの『和とスカラー倍の性質』にあげた性質 (1)〜(8) をもつとする．このとき，集合 V は**ベクトル空間**であるという

例 0.4.1　(1) m 次元数ベクトル全体の集合に対してベクトルの和とスカラー倍を考えたものは，ベクトル空間である．

(2) $m \times n$ 行列全体の集合に対して行列の和とスカラー倍を考えたものは，ベクトル空間である．

(3) 2 次以下の多項式全体の集合に対し，多項式の和と定数倍を考えたものは，ベクトル空間である．　□

0.4.2　1 次独立と 1 次従属

2 組の 2 次元数ベクトル

$$\boldsymbol{x}_1 = \begin{bmatrix} x_1 \\ y_1 \end{bmatrix}, \quad \boldsymbol{x}_2 = \begin{bmatrix} x_2 \\ y_2 \end{bmatrix}$$

をとる．そして，実数 c_1, c_2 をとって

$$\boldsymbol{x} = c_1\boldsymbol{x}_1 + c_2\boldsymbol{x}_2 \tag{0.14}$$

という式を考える．右辺の形の式を，$\boldsymbol{x}_1, \boldsymbol{x}_2$ の **1 次結合**という．

2 次元数ベクトルは，位置ベクトルと対応させることができた．実数 c_1, c_2 にさまざまな値を代入すると，$\boldsymbol{x}$ もさまざまな位置ベクトルになり，したがって平面上のさまざまな点に対応する．どのような点に対応するかは，次でみるように，数ベクトル $\boldsymbol{x}_1, \boldsymbol{x}_2$ の関係によっている．

もし2つの平面ベクトルがともに零ベクトルであれば，どのような c_1, c_2 を代入しても $\boldsymbol{x}=\boldsymbol{0}$ である．もし2つの平面ベクトルが平行であれば，$\boldsymbol{x}$ もこれらと平行である．ここで，$\boldsymbol{0}$ でない2つのベクトル $\boldsymbol{a}, \boldsymbol{b}$ が同じ向きか反対向きであるとき，$\boldsymbol{a}$ と $\boldsymbol{b}$ は**平行**であるといい，「$\boldsymbol{a}=k\boldsymbol{b}$ を満たす実数 k が存在すること」と同値である．

例 0.4.2　$\boldsymbol{x}_1=\begin{bmatrix}1\\2\end{bmatrix}, \boldsymbol{x}_2=\begin{bmatrix}2\\4\end{bmatrix}$ とすると，$2\boldsymbol{x}_1=\boldsymbol{x}_2$ が成り立つから $\boldsymbol{x}_1$, $\boldsymbol{x}_2$ は平行である．このとき，1次結合 (0.14) は

$$\boldsymbol{x}=c_1\boldsymbol{x}_1+2c_2\boldsymbol{x}_1=(c_1+2c_2)\boldsymbol{x}_1$$

と表すことができ，c_1+2c_2 は実数だから，$\boldsymbol{x}$ と $\boldsymbol{x}_1$ も平行である．□

そして，2つの平面ベクトルがともに零ベクトルでなく，かつ平行でなければ，c_1, c_2 に応じて $\boldsymbol{x}$ は平面上のすべての点を表すことができる．このとき，$\boldsymbol{x}_1, \boldsymbol{x}_2$ は**1次独立**であるという．そうではないとき，$\boldsymbol{x}_1, \boldsymbol{x}_2$ は**1次従属**であるという．c_1, c_2 を実数として，

$$c_1\boldsymbol{x}_1+c_2\boldsymbol{x}_2=\boldsymbol{0} \tag{0.15}$$

という形の式を $\boldsymbol{x}_1, \boldsymbol{x}_2$ の**1次関係式**という．$\boldsymbol{x}_1, \boldsymbol{x}_2$ が1次独立であるとき，(0.15) が成り立つような c_1, c_2 は，$c_1=c_2=0$ に限ることに注意しよう．一方，$\boldsymbol{x}_1, \boldsymbol{x}_2$ が1次従属であるときは，(0.15) を満たす c_1, c_2 は $c_1=c_2=0$ の他に無数に存在する．

例 0.4.3　例 0.4.2 の $\boldsymbol{x}_1, \boldsymbol{x}_2$ に対し，1次関係式 (0.15) が成り立つような c_1, c_2 は，$c_1=-2c_2$ を満たすすべての実数である．□

次に，3次元数ベクトルについて考える．2個の3次元数ベクトルを考える場合は，平面ベクトルと同じ議論ができる．そこで3個のベクトル

$$\boldsymbol{x}_1=\begin{bmatrix}x_1\\y_1\\z_1\end{bmatrix}, \quad \boldsymbol{x}_2=\begin{bmatrix}x_2\\y_2\\z_2\end{bmatrix}, \quad \boldsymbol{x}_3=\begin{bmatrix}x_3\\y_3\\z_3\end{bmatrix}$$

の1次結合

$$\boldsymbol{x}=c_1\boldsymbol{x}_1+c_2\boldsymbol{x}_2+c_3\boldsymbol{x}_3$$

を考えよう．

c_1, c_2, c_3 に応じて $\boldsymbol{x}$ が空間内のすべての点を表せるのはどのようなときであるかを考えよう．平面の場合から類推すると，「どのベクトルも $\mathbf{0}$ ではなく，どの 2 つも平行ではないとき」と思えるかもしれないが，これでは不十分である．たとえば，3 つのベクトル

$$\boldsymbol{x}_1 = \begin{bmatrix} 1 \\ 0 \\ 0 \end{bmatrix}, \quad \boldsymbol{x}_2 = \begin{bmatrix} 0 \\ 1 \\ 0 \end{bmatrix}, \quad \boldsymbol{x}_3 = \begin{bmatrix} 1 \\ 1 \\ 0 \end{bmatrix}$$

は「どのベクトルも $\mathbf{0}$ ではなく，どの 2 つも平行ではない」を満たすが，この 3 つのベクトルの 1 次結合で表せる点は，xy 平面上の点全体に限られる．

正しい答えは「どのベクトルも $\mathbf{0}$ ではなく，3 つのベクトルが同一平面上にないとき」である．このとき，$\boldsymbol{x}_1$, $\boldsymbol{x}_2$, $\boldsymbol{x}_3$ は**1 次独立**であるといい，そうではないとき**1 次従属**であるという．

さらに一般化して r 個の m 次元数ベクトル $\boldsymbol{x}_1, \boldsymbol{x}_2, \ldots, \boldsymbol{x}_r$ の 1 次関係式

$$c_1\boldsymbol{x}_1 + c_2\boldsymbol{x}_2 + \cdots + c_r\boldsymbol{x}_r = \mathbf{0}$$

を考えよう．これが成り立つのが $c_1 = c_2 = \cdots = c_r = 0$ の場合に限るとき，$\boldsymbol{x}_1, \boldsymbol{x}_2, \ldots, \boldsymbol{x}_r$ は**1 次独立**であるといい，そうではないとき**1 次従属**であるという．すでに述べた 2 次元および 3 次元数ベクトルの 1 次独立の定義は，この定義と同値である．

2 次元および 3 次元数ベクトルではベクトルどうしが平行かどうかを論じたが，これは 4 次元以上の数ベクトルに対しては難しい．また，すでにみたように，ベクトル空間の対象は数ベクトルの集合とは限らない．例 0.4.1 (3) では，2 次以下の多項式がなすベクトル空間をあげたが，多項式に対して図形的に「平行」を議論することはできない．そこで，1 次独立の表現を代数的に一般化することで，より広い対象についてベクトル空間の理論を適用できるようになる．

例 0.4.4　多項式 $x_1 = t^2 + 2t + 3$, $x_2 = -t^2 + 4t + 2$, $x_3 = 3t^2 - t - 4$ を考える．1 次関係式 $c_1x_1 + c_2x_2 + c_3x_3 = 0$，すなわち

$$(c_1 - c_2 + 3c_3)t^2 + (2c_1 + 4c_2 - c_3)t + (3c_1 + 2c_2 - 4c_3) = 0$$

が成り立つのは，

$$\begin{cases} c_1 - c_2 + 3c_3 = 0 \\ 2c_1 + 4c_2 - c_3 = 0 \\ 3c_1 + 2c_2 - 4c_3 = 0 \end{cases}$$

を解くことによって $c_1 = c_2 = c_3 = 0$ の場合に限ることがわかる．よって多項式 x_1, x_2, x_3 は 1 次独立である． □

0.4.3 ベクトル空間の基底と次元

2 次元数ベクトル空間においては，どんなベクトルも $\boldsymbol{e}_1 = \begin{bmatrix} 1 \\ 0 \end{bmatrix}$, $\boldsymbol{e}_2 = \begin{bmatrix} 0 \\ 1 \end{bmatrix}$ の 1 次結合 $c_1\boldsymbol{e}_1 + c_2\boldsymbol{e}_2$ の形にただ 1 通りに表すことができる．すなわち，任意の $\boldsymbol{x} = \begin{bmatrix} x \\ y \end{bmatrix}$ を $\boldsymbol{x} = x\boldsymbol{e}_1 + y\boldsymbol{e}_2$ と表すことができる．さらに，$\boldsymbol{e}_1$ の定数倍 x と $\boldsymbol{e}_y$ の定数倍 y の選び方は他にはない．より一般に，1 次独立な 2 個のベクトル $\boldsymbol{x}_1, \boldsymbol{x}_2$ を用いると，どんなベクトルもその 1 次結合 $c_1\boldsymbol{x}_1 + c_2\boldsymbol{x}_2$ の形にただ 1 通りに表すことができる．この意味で，1 次独立な 2 個のベクトル $\boldsymbol{x}_1$, $\boldsymbol{x}_2$ の組は 2 次元数ベクトル空間の「構成要素」になっているといえる．

あるベクトル空間 V における「構成要素」は，ベクトル $\boldsymbol{x}_1, \boldsymbol{x}_2, \ldots, \boldsymbol{x}_r$ の組で，条件「V のどんなベクトル $\boldsymbol{x}$ も，$\boldsymbol{x}_1, \boldsymbol{x}_2, \ldots, \boldsymbol{x}_r$ の 1 次結合でただ 1 通りに表せる」を満たすもの，として定義できる．これを V の**基底**という．

例 0.4.5　(1) $\boldsymbol{e}_1 = \begin{bmatrix} 1 \\ 0 \end{bmatrix}$, $\boldsymbol{e}_2 = \begin{bmatrix} 0 \\ 1 \end{bmatrix}$ は 2 次元数ベクトル空間の基底である．

(2) 1 次独立な 2 次元数ベクトルの組は 2 次元数ベクトル空間の基底である．

(3) 多項式 $t^2, t, 1$ は，2 次以下の多項式全体がつくるベクトル空間の基底である． □

例題 0.4.1

基底の条件と，次の (1), (2) は同値であることを示せ．

(1) $\boldsymbol{x}_1, \ldots, \boldsymbol{x}_r$ は 1 次独立である．

(2) V のどんなベクトル $\boldsymbol{x}$ も，$\boldsymbol{x}_1, \ldots, \boldsymbol{x}_r$ の 1 次結合で表せる．

【解答】 $\boldsymbol{x}_1, \ldots, \boldsymbol{x}_r$ が基底の条件を満たすとする．このとき，(2) は基底の条件の一部だから明らかに成り立つ．次に (1) について考える．1 次関係式 $\boldsymbol{0} = c_1\boldsymbol{x}_1 + \cdots + c_r\boldsymbol{x}_r$ は，$c_1 = \cdots = c_r = 0$ と選べば成り立つことがすぐにわかり，他の $c_1, \ldots, c_r$ の選び方はありえないことが基底の条件からわかる．

逆に，$\boldsymbol{x}_1, \ldots, \boldsymbol{x}_r$ が (1), (2) を満たすとする．任意に選んだベクトル $\boldsymbol{x}$ は，(2) によって $\boldsymbol{x}_1, \ldots, \boldsymbol{x}_r$ の 1 次結合で表せる．ここで 2 通りの表し方があった

とすると，

$$\boldsymbol{x} = c_1\boldsymbol{x}_1 + \cdots + c_r\boldsymbol{x}_r = d_1\boldsymbol{x}_1 + \cdots + d_r\boldsymbol{x}_r$$
$$\iff \boldsymbol{0} = (c_1 - d_1)\boldsymbol{x}_1 + \cdots + (c_r - d_r)\boldsymbol{x}_r$$

であり，(1) により $c_1 = d_1, \ldots, c_r = d_r$ を得るから，表し方は 1 通りに限る．

■

ある 1 つのベクトル空間 V に対して，基底の選び方は無数にある．しかし，基底を構成するベクトルの個数 d は変化しないことがわかっている．この d を，ベクトル空間 V の**次元**という．

例 0.4.6　(1) 2 次元数ベクトル空間の次元は 2 である．
(2) 2 次以下の多項式全体がつくるベクトル空間の次元は 3 である．　□

証明は略すが，ベクトル空間 V が d 次元であるとき，1 次独立な V のベクトル d 個の組は V の基底になることがわかっている．

対象が何であれ，構成要素を取り出すことができれば，対象全体の理解が容易になる．ベクトル空間の場合は，基底を知ること，とくに，次元 d がわかっていれば，d 個の 1 次独立なベクトルをみつけることが重要な問題になる．

0.4 節の問題

0.4.1　$m \times n$ 行列全体の集合に対して行列の和とスカラー倍を考えたものは，ベクトル空間であることを示せ．

0.4.2　$\boldsymbol{x}_1 = \begin{bmatrix} 1 \\ 1 \end{bmatrix}$, $\boldsymbol{x}_2 = \begin{bmatrix} 1 \\ -1 \end{bmatrix}$ とする．

(1) $\boldsymbol{x}_1$, $\boldsymbol{x}_2$ が 1 次独立であることを示せ．

(2) 2 次元数ベクトル $\begin{bmatrix} 3 \\ 5 \end{bmatrix}$ を，$\boldsymbol{x}_1$, $\boldsymbol{x}_2$ の 1 次結合で表せ．

0.4.3　3 次元数ベクトル 2 個の組 $\boldsymbol{x}_1 = \begin{bmatrix} 1 \\ 2 \\ 3 \end{bmatrix}$, $\boldsymbol{x}_2 = \begin{bmatrix} 3 \\ 2 \\ 1 \end{bmatrix}$ が 1 次独立であることを示せ．

0.4.4　3 次元数ベクトル 3 個の組 $\boldsymbol{x}_1 = \begin{bmatrix} 1 \\ 2 \\ 3 \end{bmatrix}$, $\boldsymbol{x}_2 = \begin{bmatrix} 3 \\ 2 \\ 1 \end{bmatrix}$, $\boldsymbol{x}_3 = \begin{bmatrix} 1 \\ -1 \\ 1 \end{bmatrix}$ が 1 次独立であることを示せ．

0.5 行列と行列式

行列の性質を表す指標の一つとして，**行列式**という値を定義する．行列式は n 次正方行列に対して定義されるが，本書では一般的な定義は省略して $n=2,3$ の場合を具体的にあげる．

2 次正方行列 $A=\begin{bmatrix} a & b \\ c & d \end{bmatrix}$ の行列式 $|A|$ を

$$|A| = ad - bc \tag{0.16}$$

で定める．記法として，

$$|A| = \begin{vmatrix} a & b \\ c & d \end{vmatrix}$$

とも書く．2 次元横ベクトル $\boldsymbol{a}', \boldsymbol{b}'$ を用いて $A=\begin{bmatrix} \boldsymbol{a}' \\ \boldsymbol{b}' \end{bmatrix}$ と表すとき，$|A|=\begin{vmatrix} \boldsymbol{a}' \\ \boldsymbol{b}' \end{vmatrix}$ とも書く．また，3 次正方行列 $A=[a_{ij}]$ については，

$$|A| = \begin{vmatrix} a_{11} & a_{12} & a_{13} \\ a_{21} & a_{22} & a_{23} \\ a_{31} & a_{32} & a_{33} \end{vmatrix} = a_{11}\,a_{22}\,a_{33} + a_{12}\,a_{23}\,a_{31} + a_{13}\,a_{21}\,a_{32} - a_{11}\,a_{23}\,a_{32} - a_{12}\,a_{21}\,a_{33} - a_{13}\,a_{22}\,a_{31} \tag{0.17}$$

と定める．このように，行列式は行列の成分から定まる 1 つの実数である．

2 次正方行列の行列式について，次のことが成り立つ．

行列式の行に関する性質

$\boldsymbol{a}'_1, \boldsymbol{a}'_2, \boldsymbol{b}'_1, \boldsymbol{b}'_2$ は 2 次元横ベクトルとする．$A=\begin{bmatrix} \boldsymbol{a}'_1+\boldsymbol{a}'_2 \\ \boldsymbol{b}'_1 \end{bmatrix}$ であるとき，

$$|A| = \begin{vmatrix} \boldsymbol{a}'_1+\boldsymbol{a}'_2 \\ \boldsymbol{b}'_1 \end{vmatrix} = \begin{vmatrix} \boldsymbol{a}'_1 \\ \boldsymbol{b}'_1 \end{vmatrix} + \begin{vmatrix} \boldsymbol{a}'_2 \\ \boldsymbol{b}'_1 \end{vmatrix}$$

が成り立つ．また，$A=\begin{bmatrix} \boldsymbol{a}'_1 \\ \boldsymbol{b}'_1+\boldsymbol{b}'_2 \end{bmatrix}$ であるとき，

$$|A| = \begin{vmatrix} \boldsymbol{a}'_1 \\ \boldsymbol{b}'_1+\boldsymbol{b}'_2 \end{vmatrix} = \begin{vmatrix} \boldsymbol{a}'_1 \\ \boldsymbol{b}'_1 \end{vmatrix} + \begin{vmatrix} \boldsymbol{a}'_1 \\ \boldsymbol{b}'_2 \end{vmatrix}$$

が成り立つ．

この性質は，n 次正方行列に対しても成り立つ．また，次の性質を示すことができる．

行基本変形と行列式

(1) 第 i 行と第 j 行を入れ替えた行列の行列式の値は，もとの -1 倍になる．

(2) 第 i 行を α 倍した行列の行列式の値は，もとの α 倍になる．

(3) 第 i 行に第 j 行の α 倍を加えた行列の行列式の値は，もとと変わらない．

これらの事実は，行列に行基本変形（0.3 節参照）を施したときに，行列式の値がどのように変化するかを述べている．

例 0.5.1 $A = \begin{bmatrix} 1 & 2 \\ 3 & 4 \end{bmatrix}$ とすると $|A| = -2$ である．

A に変形 $R_1(1,2)$ を施した行列の行列式の値は $\begin{vmatrix} 3 & 4 \\ 1 & 2 \end{vmatrix} = 2 = -|A|$ である．

A に変形 $R_2(1;2)$ を施した行列の行列式の値は $\begin{vmatrix} 2 & 4 \\ 3 & 4 \end{vmatrix} = -4 = 2|A|$ である．すなわち，1 行目から共通因数の 2 をくくり出すことができる．

A の第 2 行に第 1 行の -3 倍を加えた行列の行列式の値は $\begin{vmatrix} 1 & 2 \\ 0 & -2 \end{vmatrix} = -2 = |A|$ である． □

$m \times n$ 行列 A に対して，行と列の役割を入れ替えた $n \times m$ 行列を A の**転置行列**といって記号 ${}^tA$ で表す．

例 0.5.2 $A = \begin{bmatrix} 1 & 2 \\ 3 & 4 \end{bmatrix}$ に対し，${}^tA = \begin{bmatrix} 1 & 3 \\ 2 & 4 \end{bmatrix}$ である．$B = \begin{bmatrix} 1 & 2 & 3 \\ 4 & 5 & 6 \end{bmatrix}$ に対し，${}^tB = \begin{bmatrix} 1 & 4 \\ 2 & 5 \\ 3 & 6 \end{bmatrix}$ である． □

n 次正方行列 A について，$|A| = |{}^tA|$ が成り立つことが知られている．与えられた行列 A に対して，$|A| = |{}^tA|$ であることと，転置行列に対して行基本変形を施すことを考えれば，次が成り立つことがわかる．

列基本変形と行列式

(1) 第 i 列と第 j 列を入れ替えた行列の行列式の値は，もとの -1 倍になる．

(2) 第 i 列を α 倍した行列の行列式の値は，もとの α 倍になる．

(3) 第 i 列に第 j 列の α 倍を加えた行列の行列式の値は，もとと変わらない．

例題 0.5.1

次を示せ．

(1) 同じ列を含む行列の行列式の値は 0 である．

(2) すべての成分が 0 である列を含む行列の行列式の値は 0 である．

【解答】 (1) n 次正方行列 A の第 i 列と第 j 列が等しいとする．A の第 i 列と第 j 列を入れ替えても，同じ行列 A が得られる．一方，行列式の性質から，第 i 列と第 j 列を入れ替えると行列式の値は -1 倍になる．よって $|A| = -|A|$ が成り立つが，これを満たす実数 $|A|$ は 0 のみである．

(2) n 次正方行列 A の第 i 列を 0 倍することで，第 i 列のすべての成分が 0 である n 次正方行列 B が得られたと考えると，$|A|$ の値にかかわらず $|B| = 0 \times |A| = 0$ である． ■

行列式の応用として，次の事実が知られている．

n 個の n 次元縦ベクトル $\boldsymbol{a}_1, \ldots, \boldsymbol{a}_n$ を横に並べた n 次正方行列を A とするとき，以下の (1)〜(3) は互いに同値である．

(1) $|A| \neq 0$ である．

(2) ベクトル $\boldsymbol{a}_1, \ldots, \boldsymbol{a}_n$ は 1 次独立である．

(3) n 次正方行列 A は正則行列である．

行列式を用いると，n 個の n 次元縦ベクトルの 1 次独立性や正方行列の正則性を簡単に調べることができる．

0.5 節の問題

0.5.1 次の行列式の値を求めよ.

(1) $\begin{vmatrix} 2 & 1 \\ 0 & 0 \end{vmatrix}$　(2) $\begin{vmatrix} 1 & 0 \\ 5 & 0 \end{vmatrix}$　(3) $\begin{vmatrix} \cos\theta & -\sin\theta \\ \sin\theta & \cos\theta \end{vmatrix}$　(θ は実数)

(4) $\begin{vmatrix} 3 & -5 \\ -1 & 4 \end{vmatrix}$　(5) $\begin{vmatrix} 3 & 5 \\ -6 & -10 \end{vmatrix}$　(6) $\begin{vmatrix} 1 & 2 & 3 \\ 6 & 5 & 4 \\ -3 & -2 & -1 \end{vmatrix}$

0.5.2 $\boldsymbol{x}_1 = \begin{bmatrix} 1 \\ 1 \end{bmatrix}$, $\boldsymbol{x}_2 = \begin{bmatrix} 1 \\ -1 \end{bmatrix}$ が 1 次独立であることを，行列式を用いて示せ.

0.5.3 3 次元数ベクトル 3 個の組 $\boldsymbol{x}_1 = \begin{bmatrix} 1 \\ 2 \\ 3 \end{bmatrix}$, $\boldsymbol{x}_2 = \begin{bmatrix} 3 \\ 2 \\ 1 \end{bmatrix}$, $\boldsymbol{x}_3 = \begin{bmatrix} 1 \\ -1 \\ 1 \end{bmatrix}$ が 1 次独立であることを，行列式を用いて示せ.

0.5.4 行列式で表示された関数

$$f(x) = \begin{vmatrix} g_{11}(x) & g_{12}(x) \\ g_{21}(x) & g_{22}(x) \end{vmatrix}$$

の導関数は

$$f'(x) = \begin{vmatrix} g'_{11}(x) & g_{12}(x) \\ g'_{21}(x) & g_{22}(x) \end{vmatrix} + \begin{vmatrix} g_{11}(x) & g'_{12}(x) \\ g_{21}(x) & g'_{22}(x) \end{vmatrix}$$

と表せることを示せ.

0.6 複素数

0.6.1 複素数の定義と演算

実数を 2 乗すると 0 以上になる．そこで，2 乗すると負の値になる量を考えるために，$i^2 = -1$ となるもの「i」を考え，これを**虚数単位**とよぶ．2 つの実数 x, y と i を用いて $z = x + iy$ と表される量を**複素数**とよび，その全体の集合を $\mathbb{C}$ で表す．x を z の**実部**，y を z の**虚部**とよび，それぞれ $\mathrm{Re}\, z$, $\mathrm{Im}\, z$ で表す．実数 x は $x + 0i$ と表せるから複素数である．虚部が 0 でない複素数を**虚数**という．$z = x + iy$ に対し，$z = x - iy$ を z の**共役複素数**とよび，$\bar{z}$ で表す．

例 0.6.1 複素数 $2 - 3i$ について，実部は 2，虚部は -3，共役複素数は $2 + 3i$ である．

□

2 つの複素数 $z_1 = x_1 + iy_1$, $z_2 = x_2 + iy_2$ が等しいとは，実部どうし，虚部どうしがそれぞれ等しいことをいう．すなわち，

$$z_1 = z_2 \iff x_1 = x_2 \text{ かつ } y_1 = y_2$$

である．

2 つの複素数 $z_1 = x_1 + iy_1$, $z_2 = x_2 + iy_2$ の四則演算を以下で定義する：

$$z_1 \pm z_2 = (x_1 \pm x_2) + i(y_1 \pm y_2), \tag{0.18}$$

$$z_1 z_2 = (x_1 x_2 - y_1 y_2) + i(x_1 y_2 + x_2 y_1), \tag{0.19}$$

$$\frac{z_1}{z_2} = \frac{(x_1 x_2 + y_1 y_2) + i(-x_1 y_2 + x_2 y_1)}{(x_2)^2 + (y_2)^2} \quad (z_2 \neq 0). \tag{0.20}$$

上記は，i を 1 つの文字と思って通常の文字式のように計算することで得られる．商については，分子と分母に $\overline{z_2}$ を掛ける，すなわち

$$\frac{z_1}{z_2} = \frac{z_1 \overline{z_2}}{z_2 \overline{z_2}}$$

と考えればよい．また，$z + \bar{z} = 2\,\mathrm{Re}\, z$ および $z - \bar{z} = 2i\,\mathrm{Im}\, z$ が成り立つ．さらに，$\sqrt{z\bar{z}} = \sqrt{x^2 + y^2}$ を z の**絶対値**とよび，$|z|$ で表す．

例題 0.6.1

複素数 z について次の方程式を解け：

$$(1 + 2i)z + 3 - 2i = -1 + 3i.$$

【解答】 両辺から $3-2i$ を引くと $(1+2i)z=-4+5i$ となり，続けて両辺を $1+2i$ で割ると

$$z=\frac{-4+5i}{1+2i}=\frac{(-4+5i)(1-2i)}{(1+2i)(1-2i)}=\frac{(-4+10)+(8+5)i}{1+4}=\frac{6+13i}{5}$$

と解ける. ■

0.6.2 複素指数関数

与えられた複素数に対し，ある複素数を対応させる関数を**複素関数**という.

例 0.6.2 複素数 $z=x+iy$ に対し，複素数 $w=z^2=(x^2-y^2)+(2xy)i$ を対応させる複素関数を $w=f(z)=z^2$ と表す. □

重要な公式として，次が知られている.

オイラーの公式

実数 x に対して

$$e^{ix}=\cos x+i\sin x \tag{0.21}$$

が成り立つ.

そして複素変数の指数関数を

$$e^z=e^{x+iy}=e^x(\cos y+i\sin y)$$

で定義する. ここで，e^x は実関数の指数関数である. つまり，複素指数関数は，複素数 $z=x+iy$ に対して複素数 $e^x\cos y+ie^x\sin y$ を対応させる複素関数である.

次を示すことができる.

複素指数関数の性質

(1) $e^0=1$

(2) $e^{-z}=\dfrac{1}{e^z}$

(3) $\overline{e^z}=e^{\bar{z}}=e^x(\cos y-i\sin y)$

(4) $e^{z_1}e^{z_2}=e^{z_1+z_2}$

いま，$f(t)$, $g(t)$ を微分可能な実関数とし，実数 t に対して複素数を対応させる関数 $z(t)=f(t)+ig(t)$ を考える. このとき，$z(t)$ の t についての微分を

$$z'(t) = f'(t) + ig'(t) \tag{0.22}$$

で定める.

例題 0.6.2

c を複素数, x を実変数とするとき, 次が成り立つことを示せ:

$$\frac{d}{dx}e^{cx} = ce^{cx}. \tag{0.23}$$

【解答】 $c = a + ib$ とおく (a, b は実数) と,

$$e^{cx} = e^{ax+ibx} = e^{ax}\cos bx + ie^{ax}\sin bx$$

である. 微分の定義 (0.22) によって

$$\begin{aligned}\frac{d}{dx}e^{cx} &= \frac{d}{dx}(e^{ax}\cos bx) + i\frac{d}{dx}(e^{ax}\sin bx)\\ &= ae^{ax}\cos bx + (-be^{ax}\sin bx) + i(ae^{ax}\sin bx + be^{ax}\cos bx)\end{aligned}$$

である. 一方,

$$\begin{aligned}ce^{cx} &= (a+ib)(e^{ax}\cos bx + ie^{ax}\sin bx)\\ &= ae^{ax}\cos bx - be^{ax}\sin bx + i(ae^{ax}\sin bx + be^{ax}\cos bx)\end{aligned}$$

である. 両者は一致するから $\dfrac{d}{dx}e^{cx} = ce^{cx}$ が成り立つ. ■

0.6 節の問題

0.6.1 次の複素数を $a + ib$ の形で表せ. ただし a, b は実数とする.

(1) $(2+3i)+(1+2i)$　(2) $(5-i)-(1-2i)$

(3) $(1+2i)(-3+2i)$　(4) $\dfrac{4+3i}{2+i}$

0.6.2 次の複素数の絶対値を求めよ.

(1) $3-4i$　(2) $\cos\dfrac{\pi}{4} + i\sin\dfrac{\pi}{4}$　(3) $(2+5i)(-1+7i)$　(4) $\dfrac{2+3i}{3-2i}$

0.6.3 連立 1 次方程式 $\begin{cases} z + w = 1 \\ (1+i)z + (1-i)w = -1 \end{cases}$ を解け.

0.6.4 複素指数関数について $e^0 = 1$ が成り立つことを示せ.

0.6.5 x を実数とする. 複素数 $(1+2i)e^{(-1+3i)x} + (1-2i)e^{(-1-3i)x}$ を簡単にせよ.

1

1 階常微分方程式

この章では，微分方程式について基本用語といくつかの応用例を紹介したのち，もっとも基本的な 1 階常微分方程式の解法を説明する．

1.1 基本事項

1.1.1 用　　語

これまで学んだ方程式の代表例として，2 次方程式などの**代数方程式**があげられる．未知変数 x が満たす関係式を導き，数学の問題として方程式を解くことで知りたい「数」を求めるのがその精神である．ここでは，知りたい対象を「関数」に拡張して考えよう．

1 個の変数 x についての未知関数 $y = y(x)$ を求めるために，y および y の導関数が満たす関係式を導いて解くことを考える．この関係式が**常微分方程式**である．

例 1.1.1　未知関数 $y(x)$ および，その導関数 $\dfrac{dy}{dx}$ が満たす関係式

$$\frac{dy}{dx} = 2y(x) \tag{1.1}$$

は，常微分方程式の例である．□

常微分方程式には，変数 x と，関数を表す y の 2 つの文字が現れる．このとき，x を**独立変数**，y を**従属変数**という．誤解のおそれのないときは，導関数を y' で表したり，引数を省略して，(1.1) を $y' = 2y$ とも書く．

常微分方程式では，高次導関数を用いた関係式を考えることもある．

例 1.1.2　次の関係式

$$y'' + \nu y' + \omega^2 y = \sin x, \tag{1.2}$$

$$y'' - \frac{1}{x}y' + \left(1 - \frac{n^2}{x^2}\right)y = 0 \tag{1.3}$$

も常微分方程式の例である. □

ある常微分方程式に含まれる高次導関数の最大階数 n を，その常微分方程式の**階数**という．微分方程式 (1.1) は 1 階常微分方程式，(1.2) および (1.3) は 2 階常微分方程式である．また，例 1.1.2 のように，常微分方程式は x の関数を含んでいたり，y および y の（高次）導関数に x の関数が掛けられた形でもよい．

なお，未知関数として 2 変数関数 $u = u(x,t)$ を対象とする場合，u とその**偏導関数**が満たす関係式を考えることになる．これを**偏微分方程式**といい，本書では 5 章以降で扱う．

与えられた微分方程式を**解く**とは，その関係式を満たす関数を求めるということである．実際に関係式を満たす関数を，微分方程式の**解**という．

例題 1.1.1

関数 $y(x) = Ce^{2x}$ は，常微分方程式 (1.1) の解であることを示せ．ここで，C は任意定数である．

【解答】 与えられた関数を (1.1) 左辺に代入すると $y' = (Ce^{2x})' = 2Ce^{2x}$ となる．また，(1.1) 右辺に代入すると $2y = 2(Ce^{2x})$ となる．両者は一致するから，関数 $y(x) = Ce^{2x}$ は (1.1) の解である． ■

●注意：まだ解き方を学んでいないので無理難題に思えるかもしれないが，「解」の定義から，答え合わせをすればよいのである．

積分を「微分したものをもとにもどす」操作と考えれば，微分方程式の立場からは解を求めるために重要な道具であることが納得できる．n 階常微分方程式は，原理的には n 回積分して導関数を含まない形にすれば解を求められる．1 回積分するごとに積分定数が 1 個現れるから，「n 個の任意定数を含む関数」が解になる．この解を**一般解**という．一般解の任意定数に具体的な数値を代入して得られる，任意定数を含まない解を**特殊解**という．なお，一般解の任意定数に数値を代入しても得られない**特異解**をもつ微分方程式もある．しかし，本書では特異解をもつ微分方程式は扱わない．

例題 1.1.1 では解になる関数が与えられていたが，もちろん知りたいのは解になる関数をどうやって求めるか，ということである．先ほど，「微分方程式の解は積分すれば求められる」と述べたが，単純に与えられた方程式の両辺を積分しても計算を進められない場合がほとんどである．この後の節では，1 階微分方程式のうち，うまく工夫すると積分計算を実行できることが知られている例を学んでいこう．

1.1.2 応用例

さまざまな現象が起こる仕組みを理解することは我々にとって大きな課題である．たとえば天候が変化する仕組みを理解できれば，それを予測する天気予報が可能になる．その結果，将来の天候に応じて，今日は傘を持っていくかにはじまり，災害に備えて避難することも可能になる．自動車が安全に走ることや，倒壊しない建物を設計すること，将来人口を予想して適切な食糧・エネルギーの供給計画や社会制度設計をすること，株価のさまざまな動向に対応した売買戦略の設計なども対象となる．

そのための方法として，数理モデルによる現象の理解があげられる．ある現象を生み出す要因とその関係は実際には複雑なので，適当な仮定をおくことで，その仕組みの一部を取り出して**モデル化**を行う．そして，ある数式で仕組みを表現することで数理モデルを構成し，数学の問題としてこれを**解く**ことを考える．そして得られた解と実際の現象を比較し，解が現象を再現しているか**検証**する．よく再現していれば現象を説明するモデルを発見できたことになり，将来の予測に利用できる．再現度がよくなければ，モデルに**修正**を加えてやり直す．こうして，“モデル化→解く→検証→修正” を繰り返すことで，さまざまな現象の理解に迫るのである（図 1.1）．このときに用いられる数式として成功してきたものの一つが微分方程式である．

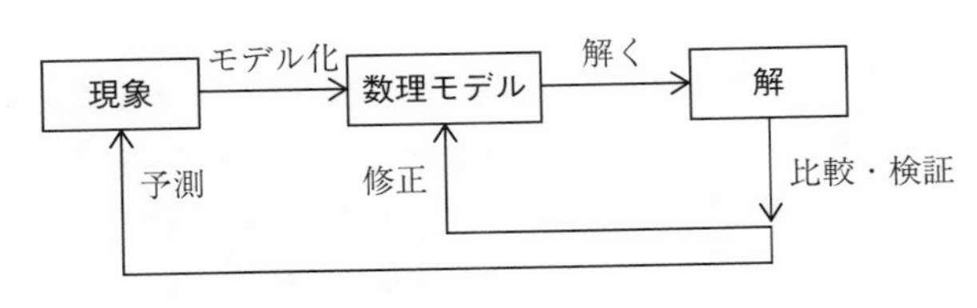

図 1.1 現象と数理モデル

微分方程式は物理学，とくに物体の運動の法則を研究する力学において発展してきた．具体的には，**運動方程式**

$$F\left(x(t), \frac{dx}{dt}(t), t\right) = m\frac{d^2x}{dt^2}(t) \tag{1.4}$$

という常微分方程式で物体の運動法則が与えられる（**力学の第 2 法則**という）ことによる．ここで，t は時刻，$x(t)$ は時刻 t における物体の位置，m は物体の質量，F は物体に働く力を表す．物理的には，$\dfrac{dx}{dt}$, $\dfrac{d^2x}{dt^2}$ はそれぞれ物体の速度，加速度を意味する．解析対象とする運動に応じて力 F はさまざまな関数になるが，どんな運動でもこの法則に従うことが力学の重要な結果である．この 2 階常微分方程式さえ解くことができれば，物体の運動を理解できる．

例 1.1.3　鉛直上向きを正の方向とする座標軸をとる．重力中で自由落下する物体には，$F = -mg$ の力が働く．ここで g は重力加速度とよばれる定数である．よって (1.4) は

$$-g = \frac{d^2x}{dt^2}(t)$$

に帰着される．時刻 $t = 0$ における物体の位置 $x(0)$ と初速度 $v(0) = \dfrac{dx}{dt}(0)$ がわかっているとしよう．両辺を t で積分すれば

$$\frac{dx}{dt}(t) = -gt + C_1$$

となる．ここで C_1 は積分定数であるが，$t = 0$ を代入すれば $C_1 = v(0)$ であることがわかる．もう一度積分すれば

$$x(t) = -\frac{g}{2}t^2 + v(0)t + C_2$$

を得る．積分定数 C_2 は，$t = 0$ を代入すれば $C_2 = x(0)$ であることがわかる．こうして，時刻 t における物体の位置 $x(t)$ と速度 $v(t)$ を予言することができるのである．　□

例 1.1.4　摩擦のない水平面に，一端を固定され，もう一端に質量 m のおもりがついたバネがあるとする．バネの自然長（伸び縮みのないときの長さ）を原点とする水平方向の座標軸をとる．バネの変位（自然長からの長さの変化）と逆向きで，変位の大きさに比例する力がおもりに働く（**フックの法則**）とし，比例定数を k とおくと，(1.4) は

$$-kx(t) = m\frac{d^2x}{dt^2}(t)$$

となる．式の形を整えるために $k/m = \omega^2$ とおいて

$$\frac{d^2x}{dt^2}(t) = -\omega^2 x(t)$$

と書く．これが線形バネ（**調和振動子**ともいう）の運動方程式である．さらに，おもりの速度 $\dfrac{dx}{dt}$ に比例する大きさの力が速度と逆向きに働くとすると，比例定数を ν として，運動方程式は

$$\frac{d^2x}{dt^2}(t) = -\omega^2 x(t) - \nu\frac{dx}{dt}(t)$$

となる．これが抵抗付き線形バネの運動方程式である．

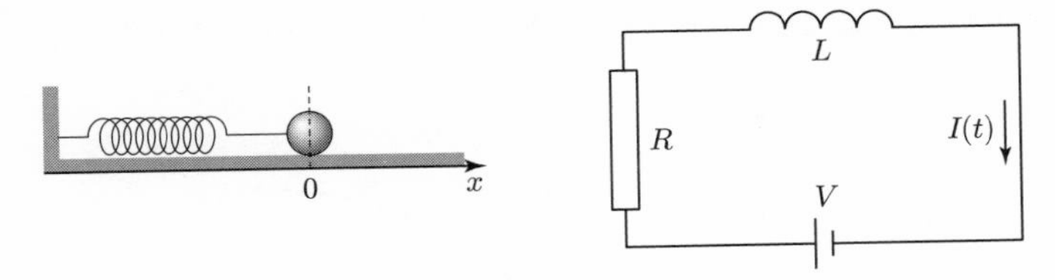

図 1.2 バネと回路

一方，インダクタンス L のコイルと抵抗率 R の抵抗が組み込まれた電気回路を流れる電流 $I(t)$ について

$$\frac{d^2I}{dt^2} + R\frac{dI}{dt} + \frac{1}{L}I(t) = 0$$

が成り立つ．抵抗付きのバネと電気回路はまったく別の物理現象だが，法則を数式で表せば同じ形の常微分方程式に帰着され，数学的には等価な現象であることがわかる． □

このように，自然現象の理解を目指す物理学からはじまり，微分方程式による現象の説明は成功をおさめてきた．対象とする現象は，化学・生物学のほか，経済などの社会現象にまで広がっている．

例 1.1.5 生物の個体数 $x(t)$ の増加を表す基本的なモデルとして，**マルサスの法則**

$$\frac{dx}{dt} = ax(t),$$

および**ロジスティック方程式**

$$\frac{dx}{dt} = \alpha\left(1 - \frac{x(t)}{\beta}\right)x(t)$$

が知られている．ここで，a, α, β は正の定数である．マルサスの法則のもとでは，個体数は $x(t) = x(0)e^{at}$ という指数関数に従って，急激に，かつ限りなく増加する．これを改良したのがロジスティック方程式であり，個体数は

$$x(t) = \frac{\beta x(0)}{x(0) + (\beta - x(0))e^{-\alpha t}}$$

で表される成長曲線に従って変化し，有限な値 β に近づいていく（図 1.3）．□

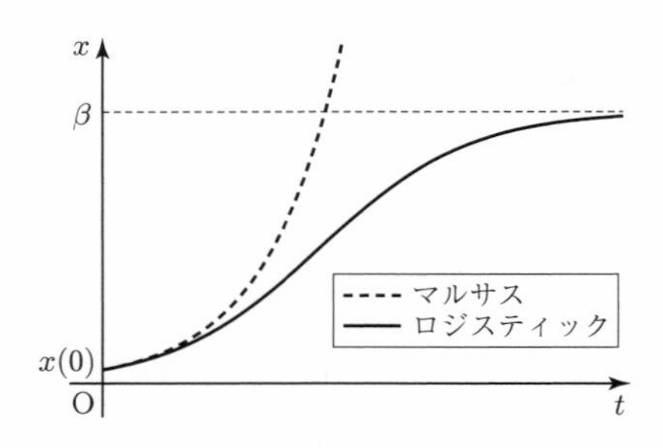

図 1.3 生物の個体数モデルの解

例 1.1.6 感染症の流行を表す基本的なモデルとして，

$$\begin{cases} \dfrac{dS}{dt} = -aI(t)S(t), \\ \dfrac{dI}{dt} = \{aS(t) - b\}\,I(t), \\ \dfrac{dR}{dt} = bI(t) \end{cases}$$

が知られている．ここで，S はこれから感染しうる**感受性人口**（Suspicious），I は他人に病気を感染させうる**感染人口**（Infectious），R は病気にかからない**隔離人口**（Removed）を表す．直観的には S はまだ病気にかかっていない

人，I は病気にかかっている人，R は病気が治って免疫を得た人である．S は I と接触して病気に感染し，S は減って I は増える．一方で I は治癒や死亡により減って R に変わる．このモデルは，考案者の名前から**ケルマック・マッケンドリックのモデル**，または従属変数から **SIR モデル**とよばれる．とくに重要な結果の一つが，1 人の患者が何人に病気をうつすかを表す**基本再生産数** R_0 が $R_0 = \dfrac{aS(0)}{b}$ で与えられることである．もし $R_0 < 1$ であれば，感染症の爆発的な流行は起こらないことになり，感染症の対策において重要な情報となる．ただし，実際の感染が広がる様子は複雑であり，このモデルで完全に表現されるわけではないことには注意が必要である．SIR モデルの解の一例を図 1.4 に示す． □

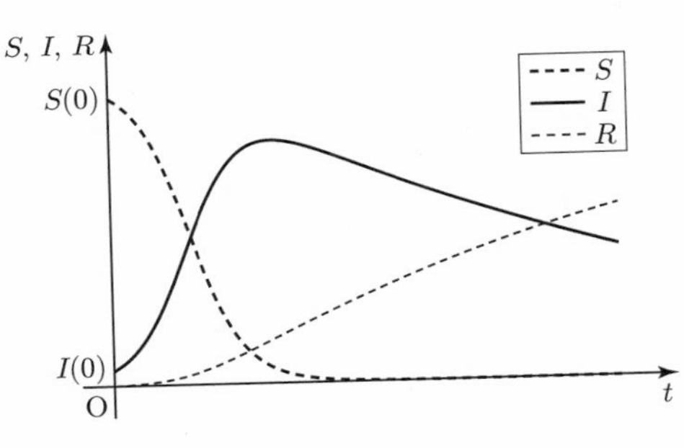

図 1.4 SIR モデルの解

1.1 節の問題

1.1.1 関数 $y(x) = Ce^{-3x}$ は，微分方程式 $y' = -3y$ の解であることを示せ．ただし，C は任意定数である．

1.1.2 関数 $y = y_1(x) = C_1 \sin x$ および $y = y_2(x) = C_2 \cos x$ は，ともに微分方程式 $y'' = -y$ の解であることを示せ．ただし，C_1, C_2 はともに任意定数である．

1.1.3 x を実数とする．複素数値をとる関数 $y(x) = Ce^{(1-i)x}$ は，微分方程式 $y' = (1-i)y$ の解であることを示せ．ただし，C は任意定数である．

1.2 変数分離型，同次型

1.2.1 変数分離型微分方程式

次の形の1階常微分方程式

$$\frac{dy}{dx} = f(x)g(y) \tag{1.5}$$

を**変数分離型**という．ただし，$f(x)$, $g(y)$ はそれぞれ文字 x, y だけの式である．この方程式は，次のようにして解くことができる．

まず，方程式の両辺を $g(y)$ で割って

$$\frac{1}{g(y)}\frac{dy}{dx} = f(x)$$

と変形する．そして，両辺を x で積分すると

$$\int \left\{ \frac{1}{g(y)}\frac{dy}{dx} \right\} dx = \int f(x)\,dx \tag{1.6}$$

となる．(1.6) 右辺は x の式を x で積分する形であり，$f(x)$ の関数形が与えられていれば計算ができるだろう．一方，(1.6) 左辺は置換積分法（0.2 節参照）の形になっていて，

$$\int \left\{ \frac{1}{g(y)}\frac{dy}{dx} \right\} dx = \int \frac{1}{g(y)}\,dy$$

と y の式を y で積分する形に変形できる．結局，(1.6) は

$$\int \frac{1}{g(y)}\,dy = \int f(x)\,dx \tag{1.7}$$

となり，両辺の積分を計算すれば y と x の関係式が得られる．

●**注意**：$\dfrac{dy}{dx}$ を形式的に分数と思って，(1.5) を

$$\frac{1}{g(y)}\,dy = f(x)\,dx$$

に書き換える，と考えてみる．左辺は y だけの式，右辺は x だけの式となる．続いて両辺に $\int$ をつければ (1.7) が得られ，ここから計算をはじめてもよい．

例題 1.2.1

変数分離型の微分方程式

$$\frac{dy}{dx} = ay \quad (a \text{ は定数}) \tag{1.8}$$

について，以下の (1)〜(3) に答えよ．

(1)　変数分離型であることを説明せよ．

(2)　一般解を求めよ．

(3)　初期条件 $y(0) = 2$ を満たす特殊解を求めよ．

【解答】 (1)　$f(x) = a$（定数関数）および $g(y) = y$ と考えると (1.5) の形になっているから，(1.8) は変数分離型である．

(2)　(1.8) の両辺を $g(y) = y$ で割り，x について積分すると

$$\int \frac{1}{y}\,dy = \int a\,dx$$

となる．不定積分を計算すると，C_1, C_2 を積分定数として

$$\log|y| + C_1 = ax + C_2$$

となり，両辺から出てくる積分定数を 1 つにまとめて

$$\log|y| = ax + C' \quad (C' \text{ は任意定数})$$

と書く．

y を x の式で明示的に表すため，計算を続ける．対数の定義から

$$|y| = e^{ax+C'} = e^{C'}e^{ax}$$

となる．絶対値をはずしたいが，y の符号は不明だから

$$y = \pm e^{C'}e^{ax}$$

を得る．ここで，$\pm e^{C'}$ は全体で任意定数だから，記号をまとめるため $\pm e^{C'} = C$ とおく．すなわち

$$y = Ce^{ax} \quad (C \text{ は任意定数}) \tag{$*$}$$

が得られる．これは任意定数を 1 個含むから，(1.8) の一般解である．

(3)　(2) で得た一般解 ($*$) に $x = 0$ を代入すれば $y(0) = C$ を得る．与えられた初期条件は $y(0) = 2$ であるから，$C = 2$ となる．任意定数であった C の値が具体的に定まった特殊解 $y = 2e^{ax}$ が求める解である．■

上記の例題 1.2.1 (2) の解答には，次に述べるように形式的な部分があることを説明しておこう．正確には，「両辺を y で割る」ためには $y \neq 0$ でなければならない．ここで，例外的な $y = 0$ の場合，すなわち定数関数 $y = 0$ は，実際には解である．また，「C は任意定数」としたが，正確には「$C = \pm e^{C'}$ は 0 でない任意定数」である．つまり，(1.8) の解は正確には

$$y = \begin{cases} Ce^{ax} & (C \text{ は } 0 \text{ でない任意定数}), \\ 0 \end{cases}$$

である．ところが「0 でない任意定数 C」を形式的に 0 に置き換えれば，例外的な解 $y = 0$ を表現できる．まとめると，(1.8) の解は

$$y = De^{ax} \quad (D \text{ は任意定数})$$

と書けることになる．新しい定数 D をいちいち導入するのも面倒なので，上記の解答のように同じ「C」を使って書いてしまうことが多い．本書では，例題の解答では正確な議論は略し，今回のように形式的に記述することにする．

ところで，例題 1.2.1 (3) では，微分方程式の他に条件 $y(0) = 2$ が与えられ，この条件を満たす解を求める問題を考えた．このような形式の問題を**初期値問題**という．時刻 $x = 0$（初期時刻）における物体の位置 y が時間 x の関数としてどのように表されるかを調べる，という物理学の問題が由来である．ただし，条件は $x = 0$ で与えられるとは限らない．

例題 1.2.2

変数分離型の微分方程式の初期値問題

$$\frac{dy}{dx} = -\frac{x}{y}, \quad y(3) = 4$$

を解け．ただし，$y > 0$ とする．

【解答】 変数分離型の解法に従って

$$\int y\,dy = -\int x\,dx$$

の積分を計算すると，一般解

$$\frac{1}{2}y^2 = -\frac{1}{2}x^2 + C_1$$

を得る．ただし，x および y が実数値であることを考慮すると，C_1 は正の任

意定数である．

次に，初期条件より

$$\frac{1}{2}\{y(3)\}^2 = -\frac{1}{2}\cdot 3^2 + C_1,$$

$$\therefore\quad C_1 = \frac{4^2}{2} + \frac{3^2}{2} = \frac{5^2}{2}$$

を得るから，初期値問題の解は

$$x^2 + y^2 = 25 \quad (y > 0)$$

である． ■

●注意：初期値問題の解を xy 平面上のグラフにして表すと，原点を中心とする半径 5 の円の $y > 0$ の部分であることがわかる．

1.2.2　同次型微分方程式

ある微分方程式に対して変数変換を行い，解法が知られている方程式に変換して解くことは有力な方法である．この方針で解くことができる例として，**同次型**とよばれる微分方程式

$$\frac{dy}{dx} = h\left(\frac{y}{x}\right) \tag{1.9}$$

を紹介しよう．ここで，右辺は文字 x と y が必ず $\dfrac{y}{x}$ という形にまとめて書き表せることを意味している．つまり，$\dfrac{y}{x} = u$ とおくとき，右辺を u だけの関数に書き換えることができる，ということである．

例 1.2.1　(1)　微分方程式 $y' = \dfrac{y^2}{x^2} + \dfrac{2x}{y}$ は，$\dfrac{y}{x} = u$ とおくとき，右辺を $u^2 + \dfrac{2}{u}$ と書けるから同次型である．

(2)　微分方程式 $y' = \dfrac{x^2 + y^2}{xy}$ は，右辺の分子分母に x^{-2} を掛けて $\dfrac{y}{x} = u$ とおくと，右辺を $\dfrac{1 + u^2}{u}$ と書けるから同次型である． □

同次型の微分方程式は，$\dfrac{y}{x} = u$ とおく，すなわち，変数変換 $y(x) = xu(x)$ を施すことで，従属変数 u に関する変数分離型の微分方程式に変換できること

が知られている．

例題 1.2.3

微分方程式

$$\frac{dy}{dx} = \frac{x+2y}{x} \tag{1.10}$$

の一般解を求めよ．

【解答】 方程式 (1.10) の右辺は $u = \dfrac{y}{x}$ とおくと $1+2u$ と書けるから，(1.10) は同次型である．

$u(x) = \dfrac{y(x)}{x}$ とおいて，y から u への従属変数の変換を行う，つまり，方程式 (1.10) から y および y' を消去し，u が満たす微分方程式を求める．そのために，変換式を $y(x) = xu(x)$ と書き換えて，両辺を x で微分する．右辺には積の微分法を用いて，

$$y'(x) = x'u(x) + xu'(x) = u(x) + xu'(x)$$

となる．これを用いると，(1.10) は

$$u + xu' = 1 + 2u,$$

$$\therefore \quad u' = \frac{1+u}{x}$$

と u に関する変数分離型の微分方程式に変換できる．変数分離型の解法に従って解くと，

$$\int \frac{1}{1+u}\,du = \int \frac{1}{x}\,dx,$$

$$\therefore \quad \log|1+u| = \log|x| + C_1 \quad (C_1 \text{ は積分定数})$$

となり，さらに変形すると

$$|1+u| = C_2|x| \quad (C_2 = e^{C_1}) \text{ より，} \quad 1+u = \pm C_2 x,$$

$$\therefore \quad u = Cx - 1 \quad (C = \pm C_2)$$

となる．そして，$y(x) = xu(x)$ を用いて

$$y = Cx^2 - x \tag{1.11}$$

を得る． ■

●**注意**：u を求めたあと，変数を x, y にもどすことを忘れないように．

1.2 節の問題

1.2.1 次の変数分離型微分方程式の一般解を求めよ．

(1) $y' = 3x^2y$　(2) $y' = (2x+5)y^2$　(3) $y' = xy^2+x$　(4) $y' = xy^2-x$

1.2.2 次の微分方程式の初期値問題の解を求め，xy 平面に解のグラフの概形を描け．

$$y' = 2y\left(1-\frac{y}{6}\right), \quad y(0) = 1.$$

1.2.3 次の同次型微分方程式の一般解を求めよ．

(1) $\dfrac{dy}{dx} = \dfrac{y^2+2xy}{x^2}$　(2) $\dfrac{dy}{dx} = \dfrac{2y^2-x^2}{xy}$　(3) $\dfrac{dy}{dx} = \dfrac{ay+bx}{x}$　$(a \neq 1)$

1.2.4 次の同次型微分方程式

$$\frac{dy}{dx} = \frac{y^2-x^2}{2xy} \quad (y > 0)$$

の解で，点 $(x, y) = (1, 1)$ を通るもののグラフを xy 平面上に描け．

1.3 1階線形微分方程式

次の形の1階常微分方程式

$$\frac{dy}{dx} + p(x)y = q(x) \tag{1.12}$$

を**1階線形微分方程式**という．ここで，$p(x), q(x)$ は独立変数 x の関数である．

文字 y および y' についての次数を考えると，(1.12) 左辺の2つの項 $y', p(x)y$ はともに1次，右辺の $q(x)$ は0次であり，全体で1次以下の関係式である．これが「線形」という名称の由来である．また，右辺の項 $q(x)$ のみ次数が異なることから，$q(x)$ を**非同次項**ともいう．非同次項 $q(x)$ が定数関数0のとき，(1.12) を**同次方程式**といい，そうでないときに**非同次方程式**ということもある．

方程式 (1.12) に対し，非同次項を定数関数0に取り替えた同次方程式

$$\frac{dy}{dx} + p(x)y = 0 \tag{1.13}$$

は，(1.12) を解くために重要な役割を果たす．方程式 (1.13) は変数分離型であるから解くことができ，解は

$$y = Ce^{-\int p(x)dx} \quad (C \text{ は任意定数}) \tag{1.14}$$

となる．

この節では，(1.12) の解法のうち，**定数変化法**と**未定係数法**の2つを紹介する．

1.3.1 定数変化法

1階線形微分方程式 (1.12) が与えられたとする．まず，同次方程式 (1.13) の一般解 (1.14) を求め，その任意定数 C を未知関数 $u(x)$ に置き換えた形（これが「定数変化」の由来である）の変数変換

$$y = u(x)e^{-\int p(x)dx} \tag{1.15}$$

を (1.12) に施す．その結果，(1.12) は u に関する微分方程式 $u' = (x$ だけの式$)$ に変換され，両辺を x で積分して解くことができる．最後に，もともとの従属変数である y を求めればよい．

例題 1.3.1

1 階線形微分方程式

$$\frac{dy}{dx} - \frac{y}{x} = x^2 \tag{1.16}$$

を考える．

(1)　(1.12) における $p(x)$, $q(x)$ をそれぞれ答えよ．

(2)　定数変化法により，一般解を求めよ．

【解答】 (1)　$p(x) = -\dfrac{1}{x}$, $q(x) = x^2$ である．

(2)　方程式 (1.16) に対応する同次方程式は，変数分離型

$$\frac{dy}{dx} - \frac{y}{x} = 0 \quad \Longleftrightarrow \quad \frac{dy}{dx} = \frac{y}{x}$$

であり（この例では同次型でもある），その一般解は

$$y = C_1 x \quad (C_1 \text{ は任意定数})$$

と求められる．ここで，任意定数 C_1 を未知関数 $u(x)$ に置き換えた変数変換

$$y(x) = xu(x)$$

を考える．この変換式の両辺を x で微分すると，

$$y'(x) = (x')u(x) + xu'(x) = u(x) + xu'(x)$$

となることに注意する．よって方程式 (1.16) は，

$$u(x) + xu'(x) - \frac{xu(x)}{x} = x^2,$$

$$\therefore \quad u'(x) = x$$

に変換される．両辺を x で積分すれば

$$u = \frac{x^2}{2} + C \quad (C \text{ は任意定数})$$

と u を求められる．最後に，

$$y = xu = \frac{x^3}{2} + Cx$$

と一般解を得る． ■

第2の解法の説明のために，例題を解いて得られた解の構造について考えてみよう．得られた一般解は，任意定数を含まない関数 $y_0(x) = \dfrac{x^3}{2}$ と，含む関数 $Y(x) = Cx$ の和の形になっている．ここで，$y_0(x)$ は (1.16) の特殊解の一つであり，$Y(x)$ は方程式 (1.16) に対応する同次方程式の一般解である．前者は $y_0(x)$ を (1.16) に代入して確かめることができ，後者は解答の途中で導いている．この事実は，(1.16) の特別な事情ではなく，1階線形微分方程式に対して一般に成り立つ．この事実を利用するのが，次に説明する未定係数法である．

1.3.2 未定係数法

1階線形微分方程式 (1.12) が与えられたとする．まず，同次方程式 (1.13) の一般解 (1.14) を求めておく．次に，(1.12) の特殊解を，適当な関数形を仮定して探す．通常は，関数に文字定数（これが「未定係数」である）を入れておき，関数が解となるように定数を決定することで，解をみつける．

例題 1.3.2

(1.16) の一般解を，未定係数法によって求めよ．

【解答】 (1.16) に対応する同次方程式の一般解は，$y = Cx$（C は任意定数）であった．ここで，文字定数 a, n を含む関数 $y_0(x) = ax^n$ の形で (1.16) の特殊解を探そう．方程式に，この関数を代入すると

$$anx^{n-1} - ax^{n-1} = x^2 \quad \Longleftrightarrow \quad a(n-1)x^{n-1} = x^2$$

となる．ここで，$n = 3,\ a = \dfrac{1}{2}$ と選べば，この式は x の恒等式になる．よって $y_0(x) = \dfrac{x^3}{2}$ は (1.16) の特殊解である．

一般に，1階線形微分方程式の一般解は（特殊解）+（同次方程式の一般解）という形をしているから，(1.16) の一般解は

$$y(x) = \frac{x^3}{2} + Cx \quad (C \text{ は任意定数})$$

である． ■

●**注意**：当然ながら，2つの解法で得られる答えは一致する．

未定係数法では，特殊解を探すときにどのような関数形を仮定するかがポイントとなり，ある程度の経験と勘が必要となる．一方，うまい形を仮定できれば，積分計算を行うことなく特殊解をみつけることができる．計算は多少長いが，決まった手順で一般解を求められる定数変化法と比較してみよう．

1.3.3 ベルヌーイ型微分方程式

次の形の1階常微分方程式

$$\frac{dy}{dx} + p(x)y = q(x)y^{\alpha} \tag{1.17}$$

を**ベルヌーイ型微分方程式**という．ここで，$p(x), q(x)$ は独立変数 x の関数であり，α は定数である．

ベルヌーイ型微分方程式は，$\alpha = 1$ のときは1階同次線形方程式に，$\alpha = 0$ のときは1階非同次線形方程式に帰着する．それ以外のとき，変数変換

$$u(x) = \{y(x)\}^{1-\alpha} \tag{1.18}$$

によって1階線形微分方程式

$$\frac{du}{dx} + (1-\alpha)p(x)u = (1-\alpha)q(x)$$

に帰着される．1階線形微分方程式の解法は知っているから，ベルヌーイ型も解くことができる．なお正確には，$1-\alpha < 0$ のときは $y \neq 0$ などの条件を考慮する必要があるが，本書では立ち入らず形式的に考えることにする．

例題 1.3.3

微分方程式

$$y' + 2xy = xy^3 \tag{1.19}$$

の一般解を求めよ．

【解答】 方程式 (1.19) は $\alpha = 3$ のベルヌーイ型であるから，変数変換

$$u(x) = \{y(x)\}^{1-\alpha} = y^{-2} \tag{1.20}$$

を施す．変換式 (1.20) の両辺を x で微分すると

$$u' = -2y^{-3}y' \tag{1.21}$$

となる．

　これらの式を用いて $u(x)$ が満たす微分方程式を求める．(1.21) を参考にして (1.19) の両辺に $-2y^{-3}$ を掛け，(1.20) および (1.21) を用いると

$$-2y^{-3}y' - 4xy^{-2} = -2x,$$

$$\therefore \quad u' - 4xu = -2x$$

を得る．これは $u(x)$ についての 1 階線形微分方程式である（**注意**：この例では変数分離形でもある）から解くことができて，その一般解は

$$u(x) = Ce^{2x^2} + \frac{1}{2} = \frac{2Ce^{2x^2}+1}{2}$$

である．よって (1.19) の一般解は

$$y^2 = \frac{1}{u(x)} = \frac{2}{2Ce^{2x^2}+1}$$

となる．■

1.3 節の問題

1.3.1　次の 1 階線形微分方程式の一般解を求めよ．

(1) $y'+2xy = x$　　(2) $y'+xy = xe^{-x^2}$　　(3) $y'+\dfrac{y}{x} = x$　　(4) $y'+\dfrac{y}{x} = 1$

1.3.2　次の 1 階線形微分方程式の初期値問題を解け．

$$y' - y = e^{-2x}, \quad y(0) = 1.$$

1.3.3　微分方程式 (1.13) を変数分離型と考えて解き，(1.14) を導け．

1.3.4　(1) 変換 (1.15) を方程式 (1.12) に施して得られる，$u(x)$ に関する微分方程式を求めよ．

(2) (1) で求めた微分方程式を解け．

(3) (2) で求めた解を用いて，(1.12) の一般解

$$y(x) = u(x)e^{-\int p(x)dx}$$

を，$u(x)$ を用いずに $p(x)$, $q(x)$ を含む数式で表せ．

1.3.5　ロジスティック方程式

$$\frac{dy}{dx} = a\left(1 - \frac{y(x)}{b}\right)y(x)$$

をベルヌーイ型微分方程式と考えて，一般解を求めよ．ただし a, b は定数である．

1.4　全微分方程式

次の形の 1 階微分方程式

$$\frac{dy}{dx} + \frac{p(x,y)}{q(x,y)} = 0 \tag{1.22}$$

を考える．ただし，$p(x,y)$, $q(x,y)$ は，x および y の式である．形式的に $\dfrac{dy}{dx}$ を分数と考えて

$$p(x,y)\,dx + q(x,y)\,dy = 0 \tag{1.23}$$

と書いたものを**全微分方程式**という．全微分方程式では x と y の役割が対称的になることを注意しておこう．その解は，次の例題の性質をもつ陰関数で与えられる．

例題 1.4.1

x, y の 2 変数関数 $f(x,y)$ であって

$$\frac{\partial f}{\partial x}(x,y) = p(x,y), \qquad \frac{\partial f}{\partial y}(x,y) = q(x,y) \tag{1.24}$$

を満たすものが存在すれば，C を任意定数として，陰関数

$$f(x,y) = C \tag{1.25}$$

は (1.23) の一般解であることを示せ．

【解答】 (1.25) の両辺の全微分（0.1.2 項参照）をとると，

$$df = dC \iff f_x(x,y)\,dx + f_y(x,y)\,dy = C_x\,dx + C_y\,dy$$
$$\iff p(x,y)\,dx + q(x,y)\,dy = 0$$

が得られるから，陰関数 (1.25) は全微分方程式 (1.23) の解である．また，(1.23) は 1 階微分方程式だったから，任意定数 1 個を含む (1.25) は一般解である．■

例 1.4.1　全微分方程式

$$(3x^2 + 2y)\,dx + (2x - 6y^2)\,dy = 0 \tag{1.26}$$

に対し，$f(x,y) = x^3 + 2xy - 2y^3$ とおくと $f(x,y) = C$ は一般解である．□

じつは，全微分方程式はいつでも解けるとは限らない．例題 1.4.1 の $f(x,y)$ のような関数が存在するとき，全微分方程式は**完全型**であるという．問題は，与えられた全微分方程式が完全型かどうかを判定する方法，および，完全型である場合の解 (1.25) の求め方である．

1.4.1 完全型の解法

完全型全微分方程式について，次のことが知られている．

例題 1.4.2

全微分方程式 (1.23) が完全型であることと，

$$\frac{\partial p}{\partial y}(x,y) = \frac{\partial q}{\partial x}(x,y) \tag{1.27}$$

が成り立つこととは同値である．

【解答】 (1.23) が完全型であるとすれば，(1.24) を満たす関数 $f(x,y)$ が存在する．このとき $p(x,y) = f_x(x,y)$ および $q(x,y) = f_y(x,y)$ であるから，$p_y(x,y) = f_{xy}(x,y) = q_x(x,y)$ が成り立つ．

逆に，(1.27) が成り立つとき，(1.24) を満たす関数 $f(x,y)$ を次の手順で実際に求めることができ，(1.23) は完全型であることを示せる．$f_x(x,y) = p(x,y)$ の x をいったん文字 u に書き換えて $f_u(u,y) = p(u,y)$ と書く．定数 x_0 を適当に選び，u について x_0 から x まで $f_u(u,y) = p(u,y)$ の両辺を積分すると

$$f(x,y) - f(x_0,y) = \int_{x_0}^{x} p(u,y)\,du,$$

$$\therefore \quad f(x,y) = \int_{x_0}^{x} p(u,y)\,du + G(y) \qquad (G(y) = f(x_0,y))$$

となる．この式の両辺を y で偏微分すると，

$$\begin{aligned} f_y &= \int_{x_0}^{x} p_y(u,y)\,du + G'(y) \quad (\text{積分と微分の順序交換}) \\ &= \int_{x_0}^{x} q_u(u,y)\,du + G'(y) \quad (p_y(u,y) = q_u(u,y)) \\ &= q(x,y) - q(x_0,y) + G'(y) \end{aligned}$$

が得られ，これが $q(x,y)$ と一致する条件は $G'(y) = q(x_0,y)$ である．定数 y_0

を適当に選び，y をいったん v とおいて $G'(v) = q(x_0, v)$ の両辺を v について y_0 から y まで積分すると，

$$G(y) = \int_{y_0}^{y} q(x_0, v)\, dv + G(y_0)$$

となり，まとめると

$$f(x, y) = \int_{x_0}^{x} p(u, y)\, du + \int_{y_0}^{y} q(x_0, v)\, dv + G(y_0)$$

と，実際に $f(x, y)$ が得られた． ■

とくに「(1.27) が成り立つならば (1.23) は完全型である」ことは，与えられた全微分方程式が完全型かどうか調べるために有効である．また，その証明は，解の導出方法を具体的に述べていることになる．この方法に従って，完全型全微分方程式の解を求めてみよう．

例題 1.4.3

全微分方程式 (1.26) が完全型であることを示し，一般解を求めよ．
（解は例 1.4.1 の中で与えられているが，わからないものとして求めよ．）

【解答】 $p(x, y) = 3x^2 + 2y$, $q(x, y) = 2x - 6y^2$ とおく．

$$p_y(x, y) = 2, \quad q_x(x, y) = 2$$

であり，$p_y(x, y) = q_x(x, y)$ が成り立つから (1.26) は完全型である．

次の手順で一般解を求めよう．y を固定して $p(x, y)$ を x で積分すると

$$\int p(x, y)\, dx = \int (3x^2 + 2y)\, dx = x^3 + 2xy + G(y) \tag{1.28}$$

を得る．ここで $G(y)$ は y の任意関数で，積分定数に相当する．なお，(1.28) の両辺を x で偏微分すれば（y を固定して x で微分すれば）$p(x, y) = 3x^2 + 2y$ となるから，y だけの関数 $G(y)$ を導入することは妥当である．(1.28) は $p(x, y) = f_x(x, y)$ を x で積分した結果だから「ほぼ $f(x, y)$ である」と考えられるが，$G(y)$ が定まっていない．そこで，(1.28) で得られた式を y で偏微分すると $q(x, y)$ に等しくなるように，すなわち

$$\frac{\partial}{\partial y}\{x^3 + 2xy + G(y)\} = q(x, y) \text{ より，} \qquad 2x + \frac{dG}{dy} = 2x - 6y^2,$$

$$\therefore \quad \frac{dG}{dy} = -6y^2 \tag{1.29}$$

により $G(y)$ を定める．(1.29) の両辺を y で積分すれば

$$G(y) = -2y^3 + C_1 \quad (C_1 \text{ は積分定数})$$

となるから，

$$f(x,y) = x^3 + 2xy + G(y) = x^3 + 2xy - 2y^3 + C_1$$

と求められる．一般解は，例題 1.4.1 により C_2 を任意定数として $x^3 + 2xy - 2y^3 + C_1 = C_2$ となるが，任意定数を $C_2 - C_1 = C$ と 1 つにまとめて

$$x^3 + 2xy - 2y^3 = C$$

とする． ■

●**注意**：解答のうち，(1.29) の右辺が実際に y だけの式になっているのは，じつは (1.27) が成り立つことから保証されている．

1.4.2 積分因子

完全型でない全微分方程式を解くことはたいへん難しい問題である．しかし，ある因子 $\mu(x,y)$ を全微分方程式に掛けた

$$\{\mu(x,y)p(x,y)\}\,dx + \{\mu(x,y)q(x,y)\}\,dy = 0 \tag{1.30}$$

が完全型になる場合がある．このような因子を**積分因子**という．積分因子をみつける一般的な方法はないが，次の例題のように発見的にみつけられる場合もある．

例題 1.4.4

全微分方程式

$$\left(3x - \frac{y}{x} + 2y^2\right) dx + \left(1 - \frac{2x^2}{y} + \frac{y^2}{x}\right) dy = 0 \tag{1.31}$$

について，次の (1)〜(4) に答えよ．

(1) (1.31) は完全型ではないことを示せ．

(2) (1.31) に例題 1.4.3 と同様の解法を適用し，どこで破たんするか検証せよ．

(3) m, n を整数として，$\mu(x,y) = x^m y^n$ の形で積分因子をみつけよ．

(4) (3) でみつけた積分因子を利用して (1.31) の一般解を求めよ．

【解答】 (1) $p(x,y) = 3x - \dfrac{y}{x} + 2y^2$，$q(x,y) = 1 - \dfrac{2x^2}{y} + \dfrac{y^2}{x}$ とおく．

$p_y(x,y) = -\dfrac{1}{x} + 4y$, $q_x(x,y) = -\dfrac{4x}{y} - \dfrac{y^2}{x^2}$ であり，$p_y(x,y) \neq q_x(x,y)$ である．例題 1.4.2 により，(1.31) は完全型ではない．

(2) $p(x,y)$ を，y を固定して x で積分すると

$$\int p(x,y)\,dx = \frac{3}{2}x^2 - y\log x + 2xy^2 + G(y)$$

となる．ここで

$$\frac{\partial}{\partial y}\left(\frac{3}{2}x^2 - y\log x + 2xy^2 + G(y)\right) = q(x,y) \text{ より，}$$

$$-\log x + 4xy + G'(y) = 1 - \frac{2x^2}{y} + \frac{y^2}{x},$$

$$\therefore \quad G'(y) = 1 - \frac{2x^2}{y} + \frac{y^2}{x} + \log x - 4xy$$

を満たすように $G(y)$ を決めたいが，最後の式の右辺は文字 x も含んでいるから，$G(y)$ は y だけの関数という条件に矛盾している．

(3) 積分因子が $\mu(x,y) = x^m y^n$ の形であるとして，

$$P(x,y) = \mu(x,y)p(x,y) = 3x^{m+1}y^n - x^{m-1}y^{n+1} + 2x^m y^{n+2},$$

$$Q(x,y) = \mu(x,y)q(x,y) = x^m y^n - 2x^{m+2}y^{n-1} + x^{m-1}y^{n+2}$$

とおくと，(1.30) は

$$P(x,y)\,dx + Q(x,y)\,dy = 0 \tag{1.32}$$

と書ける．方程式 (1.32) が完全型であることは，$P_y(x,y) = Q_x(x,y)$ が成り立つことと同値である．

$$P_y(x,y) = 3nx^{m+1}y^{n-1} - (n+1)x^{m-1}y^n + 2(n+2)x^m y^{n+1},$$

$$Q_x(x,y) = mx^{m-1}y^n - 2(m+2)x^{m+1}y^{n-1} + (m-1)x^{m-2}y^{n+2}$$

であるから，もし

$$3n = -2(m+2), \quad -(n+1) = m, \quad 2(n+2) = 0, \quad 0 = m-1$$

を満たす m, n が存在すれば $P_y(x,y) = Q_x(x,y)$ が成り立つ．実際，$m=1$，$n=-2$ とすればよいから，積分因子は $\mu(x,y) = xy^{-2}$ であって，このとき (1.32) は

$$\left(\frac{3x^2}{y^2} - \frac{1}{y} + 2x\right) dx + \left(\frac{x}{y^2} - \frac{2x^3}{y^3} + 1\right) dy = 0 \tag{1.33}$$

となる．これは確かに完全型である．

(4) 完全型全微分方程式の解法に従うと，(1.31) の一般解

$$f(x, y) = x^2 - \frac{x}{y} + \frac{x^3}{y^2} + y = C \tag{1.34}$$

を得る（C は任意定数）．

■

●**注意**：(1.33) は，1階微分方程式 $\dfrac{dy}{dx} + \dfrac{\frac{3x^2}{y^2} - \frac{1}{y} + 2x}{\frac{x}{y^2} - \frac{2x^3}{y^3} + 1} = 0$ を全微分方程式に書き換えたもので，左辺第2項は (1.34) の $f(x, y)$ を用いると $\dfrac{f_x(x, y)}{f_y(x, y)}$ と書ける．しかし，分子と分母に $x^{-1}y^2$ を掛けて $\dfrac{dy}{dx} + \dfrac{3x - \frac{y}{x} + 2y^2}{1 - \frac{2x^2}{y} + \frac{y^2}{x}} = 0$ と書き換えてしまうと，左辺第2項をある関数 $g(x, y)$ を用いて $\dfrac{g_x(x, y)}{g_y(x, y)}$ と書くことはできない．この変型後の式を全微分方程式に書き換えると (1.31) となる．

1.4 節の問題

1.4.1 次の全微分方程式が完全型であることを示し，一般解を求めよ．

(1) $(x^2 - 6xy^2)\, dx + (-6x^2y + 4y)\, dy = 0$

(2) $(e^y - x)\, dx + (xe^y + 1)\, dy = 0$

1.4.2 1階線形微分方程式 (1.12) を書き直した全微分方程式

$$\{p(x)y - q(x)\}\, dx + dy = 0$$

について，$\mu(x, y) = e^{\int p(x)dx}$ が積分因子であることを示せ．

1.4.3 全微分方程式 (1.23) について，以下を示せ．

(1) もし

$$M(x, y) = \frac{p_y(x, y) - q_x(x, y)}{q(x, y)}$$

が x のみの関数であれば，$\mu(x, y) = e^{\int M(x,y)dx}$ は積分因子である．

(2) もし

$$N(x, y) = \frac{p_y(x, y) - q_x(x, y)}{p(x, y)}$$

が y のみの関数であれば，$\mu(x, y) = e^{-\int N(x,y)dy}$ は積分因子である．

2

2 階線形常微分方程式

一般に，

$$y^{(n)}+p_1(x)y^{(n-1)}+\cdots+p_{n-1}(x)y'+p_n(x)y=q(x) \tag{2.1}$$

の形の微分方程式を，**n 階線形微分方程式**という．関係式 (2.1) は，従属変数 y およびその高次導関数 $y', y'', \ldots, y^{(n)}$ について 1 次式であることに注意しよう．方程式 (2.1) に現れる独立変数 x の関数 $p_1(x), \ldots, p_n(x)$ を**係数**といい，関数 $q(x)$ を**非同次項**という．すべての係数 $p_1(x), \ldots, p_n(x)$ が定数関数であるとき，**定数係数**という．また，$q(x)$ が定数関数 0 である（$q(x) \equiv 0$ と表すことがある）とき**同次方程式**，そうではないとき**非同次方程式**という．

本章では，主に定数係数の 2 階同次方程式

$$y''+py'+qy=0, \tag{2.2}$$

および非同次方程式

$$y''+py'+qy=r(x) \tag{2.3}$$

を取り上げる．ここで，p と q は実数である．

2.1 定数係数同次方程式

本節の内容は特に重要であるから，結果を先にまとめておく．

定数係数の 2 階同次線形方程式の解の分類

微分方程式 (2.2) の解は，その特性方程式 $\lambda^2+p\lambda+q=0$ の根によって以下のように分類できる．ただし，c_1，c_2 は任意の実数である．

(1) 相異なる 2 実根 a, b のとき　$y=c_1e^{ax}+c_2e^{bx}$.

(2) 共役な複素根 $a \pm ib$ のとき　$y=c_1e^{ax}\cos bx+c_2e^{ax}\sin bx$.

(3) 実 2 重根 a のとき　$y=(c_1+c_2x)e^{ax}$.

2.1.1 特性根が相異なる 2 実根の場合

具体的に，微分方程式

$$y'' + y' - 6y = 0 \tag{2.4}$$

を考えてみよう．まず，λ を定数として，$y = e^{\lambda x}$ の形の特殊解を探す．この関数を方程式 (2.4) へ代入すると

$$\lambda^2 e^{\lambda x} + \lambda e^{\lambda x} - 6e^{\lambda x} = 0$$

となり，両辺を $e^{\lambda x}$ $(\neq 0)$ で割ると，λ についての 2 次方程式

$$\lambda^2 + \lambda - 6 = 0$$

を得る．これは (2.4) の**特性方程式**とよばれ，特性方程式の解を**特性根**という．λ が特性根であれば，$y = e^{\lambda x}$ は微分方程式の特殊解になる．いまの場合，特性根は $\lambda = 2, -3$ であるから，(2.4) の 2 つの特殊解 $y_1 = e^{2x}$, $y_2 = e^{-3x}$ をみつけることができた．ここで，e^{2x}, e^{-3x} は 1 次独立である（0.4 節参照）．なぜなら，k_1, k_2 を実数として

$$k_1 e^{2x} + k_2 e^{-3x} = 0$$

が成り立つとする．ここで，等号は左辺が定数関数 0 であること，つまり，どのような x に対しても左辺の関数値が 0 になることを意味している．これが実際に成り立つような k_1, k_2 の組を求めよう．たとえば $x = 0$ を代入すれば $k_1 + k_2 = 0$ を得る．また，両辺を微分してから $x = 0$ を代入すれば $2k_1 - 3k_2 = 0$ を得る．2 つの式を連立 1 次方程式として解くと，解は $k_1 = k_2 = 0$ しかないことがわかる．よって e^{2x}, e^{-3x} は 1 次独立である．あらためて任意定数 c_1, c_2 をとり，1 次独立な 2 つの特殊解の 1 次結合 $y(x) = c_1 y_1(x) + c_2 y_2(x) = c_1 e^{2x} + c_2 e^{-3x}$ を考える．これは，やはり (2.4) の解であり（問題 2.1.3 参照），2 個の任意定数を含むから一般解である．

解法の原理の説明も含めながら (2.4) を解いた．問題の解答としては，一般的に示せる内容は通常書かない．次の例題の解答を参考にしてほしい．

例題 2.1.1

定数係数の同次線形微分方程式の初期値問題

$$y'' + 3y' + 2y = 0, \quad y(0) = 2,\ y'(0) = 1 \tag{2.5}$$

の解を求めよ．

【解答】 特性方程式は

$$\lambda^2 + 3\lambda + 2 = 0$$

であり，特性根は $\lambda = -1, -2$ である．よって e^{-x} および e^{-2x} は，1 次独立な (2.5) の特殊解であり，その 1 次結合

$$y = c_1 e^{-x} + c_2 e^{-2x} \quad (c_1,\ c_2 \text{ は任意定数})$$

は (2.5) の一般解である．

次に，初期条件を満たすように，任意定数 c_1, c_2 の値を定める．求めた一般解に $x = 0$ を代入し，初期条件 $y(0) = 2$ を用いると，

$$y(0) = c_1 e^0 + c_2 e^0 = c_1 + c_2 = 2$$

という関係式を得る．また, 一般解を x で微分すると $y'(x) = -c_1 e^{-x} - 2c_2 e^{-2x}$ となり，この式に $x = 0$ を代入し，初期条件 $y'(0) = 1$ を用いると，

$$y'(0) = -c_1 e^0 - 2c_2 e^0 = -c_1 - 2c_2 = 1$$

を得る．したがって，c_1, c_2 に対する連立 1 次方程式

$$\begin{cases} y(0) = c_1 + c_2 = 2 \\ y'(0) = -c_1 - 2c_2 = 1 \end{cases}$$

が得られる．これを解くと，ただ 1 つの解 $c_1 = 5$, $c_2 = -3$ が得られる．よって初期値問題の解は，一般解に $c_1 = 5$, $c_2 = -3$ を代入した

$$y = 5e^{-x} - 3e^{-2x}$$

である． ■

2.1.2　特性根が共役な複素根の場合

前項で，微分方程式 (2.2) を解く手順として，まず特殊解 $y = e^{\lambda x}$ をみつけることを学んだ．関数 $e^{\lambda x}$ が (2.2) の特殊解であることは，定数 λ が特性方程式とよばれる 2 次方程式 $\lambda^2 + p\lambda + q = 0$ の解（特性根）であることと同値であった．2 次方程式の解の分類としては，前項の例および例題のような相異なる 2 実数のほかに，共役な複素数の場合と，実数の重解である場合がある．これらの場合に微分方程式の一般解はどのようになるのだろうか．

特性根 λ が複素数の場合，$y = e^{\lambda x}$ は複素指数関数を意味する（0.6 節参照）．これを x で微分すると $y' = \lambda e^{\lambda x}$ となり，λ が実数の場合と同じ微分公式が成

り立つのであった（例題 0.6.2 参照）．すなわち，λ が実際には複素数であっても，特殊解 $y = e^{\lambda x}$ をみつけることは 2.1.1 項と同様の手順で可能である．

次の方程式

$$y'' + 2y' + 5y = 0 \tag{2.6}$$

の一般解を求めよう．まず λ を複素数の定数とし，$y = e^{\lambda x}$ の形の特殊解を仮定して (2.6) へ代入すると，特性方程式

$$\lambda^2 + 2\lambda + 5 = 0$$

を得る．特性根は $\lambda = -1 \pm 2i$ であるから，特殊解

$$y_1 = e^{(-1+2i)x} = e^{-x}(\cos 2x + i \sin 2x),$$
$$y_2 = e^{(-1-2i)x} = e^{-x}(\cos 2x - i \sin 2x)$$

をみつけることができた．ここで a_1, a_2 を複素数の定数として，1 次結合 $y = a_1 y_1 + a_2 y_2$ を考えよう．この 1 次結合は (2.6) の一般解である．しかし，見た目が複素数値の関数では扱いづらいので，通常は次のように変形する．まず，

$$\begin{aligned} y &= a_1 e^{-x}(\cos 2x + i \sin 2x) + a_2 e^{-x}(\cos 2x - i \sin 2x) \\ &= (a_1 + a_2) e^{-x} \cos 2x + i(a_1 - a_2) e^{-x} \sin 2x \end{aligned}$$

と整理し，さらに $a_1 + a_2 = c_1$, $i(a_1 - a_2) = c_2$ とおいて

$$y = c_1 e^{-x} \cos 2x + c_2 e^{-x} \sin 2x$$

と書いて，この実関数による表式を (2.6) の一般解として採用する．この一般解から，$e^{-x} \cos 2x$ と $e^{-x} \sin 2x$ は 1 次独立であると考えられる．この予想は実際に正しく，2.2.2 項で一般的な証明を与える．

複素指数関数の表示から実関数の表示を得る計算は，通常は省略する．次の例題の解答を参考にしてほしい．

例題 2.1.2

定数係数の同次線形微分方程式の初期値問題

$$y'' - 3y' + 3y = 0, \quad y(0) = 1,\ y'(0) = 3 \tag{2.7}$$

の解を求めよ．

【解答】 特性方程式は $\lambda^2 - 3\lambda + 3 = 0$ であり，特性根は $\lambda = \frac{3 \pm \sqrt{3} i}{2}$ である．

よって一般解は

$$y(x) = c_1 e^{\frac{3}{2}x} \cos \frac{\sqrt{3}}{2}x + c_2 e^{\frac{3}{2}x} \sin \frac{\sqrt{3}}{2}x \tag{2.8}$$

である．

初期条件 $y(0) = 1$ より，

$$y(0) = c_1 e^0 \cos 0 + c_2 e^0 \sin 0 = c_1 = 1$$

を得る．また，一般解を微分した式

$$y'(x) = \left(\frac{3}{2}c_1 + \frac{\sqrt{3}}{2}c_2\right) e^{\frac{3}{2}x} \cos \frac{\sqrt{3}}{2}x + \left(-\frac{\sqrt{3}}{2}c_1 + \frac{3}{2}c_2\right) e^{\frac{3}{2}x} \sin \frac{\sqrt{3}}{2}x$$

に初期条件 $y'(0) = \sqrt{3}$ を用いると

$$y'(0) = \frac{3}{2}c_1 + \frac{\sqrt{3}}{2}c_2 = 3$$

を得る．上記より，$c_1 = 1,\ c_2 = \sqrt{3}$ を得るから，

$$y(x) = e^{\frac{3}{2}x} \cos \frac{\sqrt{3}}{2}x + \sqrt{3} e^{\frac{3}{2}x} \sin \frac{\sqrt{3}}{2}x \tag{2.9}$$

が初期値問題の解である． ■

2.1.3 特性根が実 2 重根の場合

微分方程式 (2.2) の特性方程式 $\lambda^2 + p\lambda + q = 0$ が，重根をもつ場合を考えよう．具体的に

$$y'' - 4y' + 4y = 0 \tag{2.10}$$

を考える．その特性方程式 $\lambda^2 - 4\lambda + 4 = 0$ は，重根 $\lambda = 2$ をもつ．このとき，特殊解は $y_1(x) = e^{2x}$ の 1 個しか得られない．形式的に「もう一つの解」$y_2(x) = e^{2x}$ が得られたと考えても，1 次結合は $c_1 y_1(x) + c_2 y_2(x) = (c_1 + c_2)e^{2x}$ と整理されて，任意定数は $c_1 + c_2$ の 1 個しか含まれない．そこで，定数変化法により解を求めてみよう．任意定数 C を導入して $y = Cy_1 = Ce^{2x}$ とおくと，これは任意定数を 1 個含む (2.10) の解である．そこで，定数 C を関数 $u = u(x)$ に置き換えた $y = u(x)e^{2x}$ という形の解を仮定する．方程式 (2.10) へ代入すると

$$\{u(x)e^{2x}\}'' - 4\{u(x)e^{2x}\}' + 4u(x)e^{2x} = 0 \quad \text{より},$$

$$\{u''(x)e^{2x} + 4u'(x)e^{2x} + 4u(x)e^{2x}\}$$
$$- 4\{u'(x)e^{2x} + 2u(x)e^{2x}\} + 4u(x)e^{2x} = 0,$$
$$\therefore \quad u''(x) = 0$$

を得る．この微分方程式の解は，x で 2 回積分することで，積分定数 c_1, c_2 を導入して $u(x) = c_1 + c_2 x$ と求められる．よって，(2.10) の解として

$$y(x) = u(x)e^{2x} = c_1 e^{2x} + c_2 x e^{2x} \tag{2.11}$$

を得る．この解は 2 個の任意定数を含むから，(2.10) の一般解であり，e^{2x} の他に xe^{2x} が特殊解であることもわかった．

特性根が重根 $\lambda = 2$ のときに定数変化法を通して一般解を導いたが，結果からは $y_1(x) = e^{2x}$ と $y_2(x) = xe^{2x}$ が 1 次独立な 2 つの特殊解であると考えられる．1 次独立であることの一般的な証明は 2.2.2 項で与える．さらに，仮定する解の形からは得られない特殊解 $y_2(x)$ は，みつけた特殊解 $y_1(x)$ に x を掛けるという操作で得られるようにみえる．この観察は一般にも正しいことを示せるので（問題 2.1.5 参照），通常はこの計算は省略する．

例題 2.1.3

定数係数の同次線形微分方程式の初期値問題

$$y'' + 6y' + 9y = 0, \quad y(0) = -1, \ y'(0) = 4 \tag{2.12}$$

の解を求めよ．

【解答】 特性方程式は $\lambda^2 + 6\lambda + 9 = 0$ であり，特性根は $\lambda = -3$（重根）である．よって一般解は

$$y(x) = c_1 e^{-3x} + c_2 x e^{-3x}$$

である．

求めた一般解およびそれを x で微分した関数に対して初期条件を用いると

$$y(0) = c_1 = -1, \quad y'(0) = -3c_1 + c_2 = 4, \tag{2.13}$$

すなわち $c_1 = -1$, $c_2 = 1$ を得るから，初期値問題の解は

$$y(x) = -e^{-3x} + xe^{-3x} \tag{2.14}$$

である． ■

2.1 節の問題

2.1.1　次の線形微分方程式の一般解を求めよ．

(1) $y'' + 5y' + 4y = 0$　　(2) $y'' + y' + 2y = 0$　　(3) $y'' - 8y' + 16y = 0$

2.1.2　次の線形微分方程式の初期値問題を解け．

(1) $y'' + 5y' + 6y = 0, \quad y(0) = 1,\ y'(0) = -1$

(2) $y'' + 2y' + 2y = 0, \quad y(0) = 0,\ y'(0) = 1$

(3) $y'' + 8y' + 16y = 0, \quad y(0) = 2,\ y'(0) = 0$

2.1.3　関数 $y_1(x)$, $y_2(x)$ は，定数係数の同次線形微分方程式 (2.2) の解であるとし，c_1, c_2 を任意定数とする．このとき，関数 $y(x) = c_1y_1(x) + c_2y_2(x)$ は (2.2) の解であることを示せ．

2.1.4　定数係数の同次線形微分方程式 $ay'' + by' + cy = 0$（a, b, c は定数，$a \neq 0$）の特性方程式は

$$a\lambda^2 + b\lambda + c = 0$$

であることを示せ．

2.1.5　特性方程式が重根 $\lambda = a$ をもつ定数係数の同次線形微分方程式は $y'' - 2ay' + a^2y = 0$ という形をしている．このとき，$y = u(x)e^{ax}$ という形の解を仮定する定数変化法により，$y = c_1e^{ax} + c_2xe^{ax}$ が一般解になることを示せ．ここで，c_1, c_2 は任意定数である．

2.2 線形微分方程式の一般理論

2.2.1 解の存在と一意性

2次方程式の場合，解は複素数の範囲で重複を込めて必ず2個存在する．連立1次方程式の解は，ただ1組存在する場合，無限個存在する場合，存在しない場合があった．このように，ある方程式を考えるとき，その解が存在するか，存在するときはただ1つに限る（解の一意性）か，は重要な問題である．微分方程式も例外ではないが，本章では次の事実を紹介するにとどめる．なお，解の存在に関しては4章も参照されたい．

同次線形微分方程式の解

n 階同次線形微分方程式

$$y^{(n)} + p_1(x)y^{(n-1)} + \cdots + p_{n-1}(x)y' + p_n(x)y = 0 \qquad (2.15)$$

の係数 $p_j(x)$ $(j = 0, 1, \ldots, n-1)$ は区間 I で連続とする．このとき，(2.15) は I 全体で定義される解をもつ．また，解全体の集合（**解空間**ともいう）は n 次元ベクトル空間をなす．

とくに定数係数の場合，定数関数は実数全体で定義される連続関数だから，解は実数全体で定義される関数となる．2.1節では具体的に定数係数の2階同次線形方程式 (2.2) の解法を学んだが，得られた解はいずれも実数全体で定義される関数になっている．また，解全体が2次元ベクトル空間であることを認めると，1次独立な2個の特殊解 $y_1(x)$, $y_2(x)$ をみつければ，それが基底となることがわかる（0.4節参照）．ベクトル空間のすべての要素，すなわち (2.2) のすべての解は，基底である $y_1(x)$, $y_2(x)$ の1次結合で表すことができる．2.1節で学んだ (2.2) の一般解の構成法は，このようにベクトル空間の理論を用いて正当化できる．

2.2.2 ロンスキアンによる1次独立性の判定

関数 $y_1(x), \ldots, y_n(x)$ は適当な回数だけ微分可能であるとする．次の n 次行列式

$$W(y_1, \ldots, y_n)(x) = \begin{vmatrix} y_1 & {y_1}' & \ldots & {y_1}^{(n-1)} \\ \vdots & \vdots & & \vdots \\ y_n & {y_n}' & \ldots & {y_n}^{(n-1)} \end{vmatrix} \qquad (2.16)$$

を $y_1(x), \ldots, y_n(x)$ の**ロンスキアン**（Wronskian）または**ロンスキー行列式**という．ロンスキアンは，次のように関数の 1 次独立性の判定に利用することができる．

1 次独立性の判定定理

関数 $y_1(x), \ldots, y_n(x)$ が n 階線形微分方程式の解であるとき，ロンスキアン $W(y_1, \ldots, y_n)(x)$ について次が成り立つ．

(1) $W(y_1, \ldots, y_n)(x)$ は，すべての x に対して 0 でないか，すべての x に対して 0 である（すなわち定数関数 0 である）か，のどちらかである．

(2) $W(y_1, \ldots, y_n)(x)$ が定数関数 0 であるとき，$y_1(x), \ldots, y_n(x)$ は 1 次従属である．そうでないとき，$y_1(x), \ldots, y_n(x)$ は 1 次独立である．

この定理を用いて，2 階線形微分方程式 (2.2) の特殊解の 1 次独立性を調べよう．

例題 2.2.1

微分方程式 (2.2) が次の 2 つの関数 y_1, y_2 を特殊解としてもつとき，y_1, y_2 は 1 次独立であることを示せ．

(1) $y_1 = e^{ax}$, $y_2 = e^{bx}$（a, b は $a \neq b$ なる実数）

(2) $y_1 = e^{ax}\sin bx$, $y_2 = e^{ax}\cos bx$（a, b は実数で $b \neq 0$）

(3) $y_1 = e^{ax}$, $y_2 = xe^{ax}$（a は実数）

【解答】 (1) y_1, y_2 のロンスキアンを計算すると

$$W(y_1, y_2)(x) = \begin{vmatrix} e^{ax} & (e^{ax})' \\ e^{bx} & (e^{bx})' \end{vmatrix} = \begin{vmatrix} e^{ax} & ae^{ax} \\ e^{bx} & be^{bx} \end{vmatrix}$$

$$= (b-a)e^{(a+b)x} \neq 0 \quad (\because\ a \neq b)$$

となる．1 次独立性の判定定理 (2) 後半により $y_1 = e^{ax}$, $y_2 = e^{bx}$ は 1 次独立である．

(2)

$$W(y_1, y_2)(x) = \begin{vmatrix} e^{ax}\sin bx & (e^{ax}\sin bx)' \\ e^{ax}\cos bx & (e^{ax}\cos bx)' \end{vmatrix}$$

$$= \begin{vmatrix} e^{ax}\sin bx & ae^{ax}\sin bx + be^{ax}\cos bx \\ e^{ax}\cos bx & ae^{ax}\cos bx - be^{ax}\sin bx \end{vmatrix}$$

$$= -be^{2ax}(\sin^2 bx + \cos^2 bx) = -be^{2ax} \neq 0 \quad (\because\ b \neq 0)$$

であることからわかる.

(3)

$$W(y_1, y_2)(x) = \begin{vmatrix} e^{ax} & (e^{ax})' \\ xe^{ax} & (xe^{ax})' \end{vmatrix} = \begin{vmatrix} e^{ax} & ae^{ax} \\ xe^{ax} & e^{ax} + axe^{ax} \end{vmatrix} = e^{2ax} \neq 0$$

であることからわかる. ■

2.2.3 解空間の次元

すでに述べたように, n 階同次線形微分方程式の解全体は, n 次元ベクトル空間をなすことが知られている. 本書では, 次の特殊な場合を扱うことにする.

例題 2.2.2

定数係数の 2 階同次線形微分方程式 (2.2) の解全体の集合 V は, 2 次元ベクトル空間をなすことを示せ.

【解答】 (2.2) の任意の解 (すなわち V の要素) y_1, y_2 および任意の実数 c_1, c_2 に対し, $c_1y_1 + c_2y_2$ がやはり (2.2) の解である (V の要素である) ことは, 問題 2.1.3 で示されている.

次に, 11 ページの『和とスカラー倍の性質』(1)〜(8) が成り立つことを確かめる. ここで, (1) と (2) および (5)〜(8) は明らかだろう. (3) については, 定数関数 0 が (2.2) の解であることに気付くと, これが零ベクトルであることがわかる. (4) については, (2.2) の解 y に対して $-y$ も (2.2) の解であることに気付くと, この $-y$ が y の逆ベクトルであるとわかる. 以上により, V はベクトル空間である.

最後に 2 次元であることを示す. (2.2) の任意の 3 つの解 y_1, y_2, y_3 は, 必ず 1 次従属になることをまず示す. ロンスキアンは

$$W(y_1, y_2, y_3)(x) = \begin{vmatrix} y_1 & (y_1)' & (y_1)'' \\ y_2 & (y_2)' & (y_2)'' \\ y_3 & (y_3)' & (y_3)'' \end{vmatrix}$$

となる．第3列に第2列の p 倍と第1列の q 倍を加え，y_1, y_2, y_3 は (2.2) の解であることを用いると

$$W(y_1, y_2, y_3)(x) = \begin{vmatrix} y_1 & (y_1)' & (y_1)'' + p(y_1)' + qy_1 \\ y_2 & (y_2)' & (y_2)'' + p(y_2)' + qy_2 \\ y_3 & (y_3)' & (y_3)'' + p(y_3)' + qy_3 \end{vmatrix} = \begin{vmatrix} y_1 & (y_1)' & 0 \\ y_2 & (y_2)' & 0 \\ y_3 & (y_3)' & 0 \end{vmatrix} = 0$$

となり，y_1, y_2, y_3 は1次従属である．よって，1次独立な解が3つ以上存在することはありえない．つまり，次元は2以下であることがわかる．ここで，2つの1次独立な特殊解をみつける方法を2.1節で示しており，実際に2次元であることがわかる． ■

2.2.4 非同次方程式の解の構造

次の例題は，非同次線形微分方程式の解の構造を示している．

例題 2.2.3

非同次線形微分方程式の一般解は，その特殊解 $y_0(x)$ と，対応する同次方程式の一般解 $Y(x)$ の和 $y = Y(x) + y_0(x)$ で与えられることを示せ．

【解答】 簡単のため，1階の場合

$$y' + p(x)y = q(x) \tag{2.17}$$

で示すが，n 階でも同様に示すことができる．

関数 $y_0(x)$ は (2.17) の特殊解であるから

$$(y_0)' + p(x)y_0 = q(x) \tag{2.18}$$

が成り立つ．また，関数 $Y(x)$ は

$$Y' + p(x)Y = 0 \tag{2.19}$$

を満たす．逆に，(2.19) を満たすすべての関数は $Y(x)$ に含まれる．

さて，(2.17) の任意の解 y を考える．ここで (2.17) から (2.18) を辺々引くと

$$(y - y_0)' + p(x)(y - y_0) = 0 \tag{2.20}$$

を得るが，これは (2.19) の形の関係式だから $y - y_0 = Y$，すなわち $y = Y + y_0$ と書ける． ■

●注意：$y = Y + y_0$ が (2.17) を満たすことは代入することでわかるが，(2.17) のすべての解 y が $y = Y + y_0$ の形に書けることは自明ではない．

2.2.5 解の重ね合わせ

次の例題で示す性質は**重ね合わせの原理**とよばれる.

例題 2.2.4

非同次項のみが相異なる 2 つの非同次線形微分方程式

$$
\begin{aligned}
y'' + p(x)y' + q(x)y &= r_1(x), \\
y'' + p(x)y' + q(x)y &= r_2(x)
\end{aligned}
\tag{2.21}
$$

があり，それぞれの特殊解 $y_1(x)$, $y_2(x)$ がわかっているとする．このとき，関数 $ay_1(x) + by_2(x)$ は

$$
y'' + p(x)y' + q(x)y = ar_1(x) + br_2(x) \quad (a,\ b \text{ は実数}) \tag{2.22}
$$

の特殊解である.

【解答】 $y = ay_1(x) + by_2(x)$ を (2.22) の左辺に代入して (2.21) を用いると，(2.22) の右辺に等しい $ar_1(x) + br_2(x)$ が得られる. ■

2.2 節の問題

2.2.1 61 ページの 1 次独立性の判定定理を用いて，線形微分方程式 (2.4) の特殊解 $y_1 = e^{2x}$, $y_2 = e^{-3x}$ が 1 次独立であることを示せ.

2.2.2 (1) 関数 $y_1(x)$, $y_2(x)$ のロンスキアン $W = W(y_1, y_2)(x)$ は

$$
\frac{dW}{dx} = \begin{vmatrix} y_1 & y_1'' \\ y_2 & y_2'' \end{vmatrix}
$$

を満たすことを示せ.

(2) 関数 $y_1(x)$, $y_2(x)$ が線形微分方程式

$$
p_0(x)y'' + p_1(x)y' + p_2(x)y = 0
$$

の解であるとき，ロンスキアン $W = W(y_1, y_2)(x)$ は

$$
\frac{dW}{dx} = -\frac{p_1(x)}{p_0(x)} W
$$

を満たすことを示せ.

2.3　定数係数非同次方程式

本節では，定数係数の非同次方程式 (2.3) の解法を学ぶ．いくつかの解法があるが，ここでは**未定係数法**を説明する．

方程式 (2.3) の**非同次項** $r(x)$ を定数関数 0 に置き換えた方程式

$$y'' + py' + qy = 0$$

を，(2.3) の**同次方程式**とよぶことにする．この方程式の解法は 2.1 節で学んでおり，一般解を求めることができる．未定係数法では，(2.3) の特殊解をうまくみつけ，例題 2.2.3 によって

$$y = ((2.3) \text{ の同次方程式の一般解}) + ((2.3) \text{ の特殊解})$$

の形で一般解を得る．非同次項 $r(x)$ の関数形に応じて，どのような形の特殊解を仮定するとよいか，例題をとおしてみていこう．

例題 2.3.1

（非同次項が多項式の場合）　非同次方程式

$$y'' + y' - 2y = -x^2 - x \tag{2.23}$$

の一般解を求めよ．

【解答】　まず，(2.23) の同次方程式 $y'' + y' - 2y = 0$ の一般解を求めておく．特性方程式は $\lambda^2 + \lambda - 2 = 0$ であり，特性根は $\lambda = 1, -2$ である．よって同次方程式の一般解は

$$y = Y(x) = c_1 e^x + c_2 e^{-2x} \quad (c_1,\ c_2 \text{ は任意定数})$$

である．

次に，(2.23) の特殊解を探す．非同次項は多項式なので，特殊解も多項式を仮定するのが妥当である．そこで a, b, c を実数として，$y = y_0(x) = ax^2 + bx + c$ という形の特殊解を探す．方程式 (2.23) に代入すると

$$(ax^2 + bx + c)'' + (ax^2 + bx + c)' - 2(ax^2 + bx + c) = -x^2 - x,$$

よって

$$(1 - 2a)x^2 + (2a - 2b + 1)x + (2a + b - 2c) = 0$$

となる．これが x の恒等式になるためには $a = \frac{1}{2}$, $b = 1$, $c = 1$ であればよい．よって $y = y_0(x) = \frac{1}{2}x^2 + x + 1$ は，(2.23) の特殊解である．

以上より，(2.23) の一般解は

$$y = Y(x) + y_0(x) = c_1 e^x + c_2 e^{-2x} + \frac{1}{2}x^2 + x + 1$$

である．■

未定係数法においては，非同次方程式の特殊解を求める計算がポイントとなる．以下の例題 2.3.2〜2.3.5 では，(2.23) の非同次項を取り替えた方程式を扱い，同次方程式の一般解 $y = Y(x) = c_1 e^x + c_2 e^{-2x}$（$c_1$, c_2 は任意定数）を求める部分は省略する．

例題 2.3.2

（非同次項が指数関数の場合）　非同次方程式

$$y'' + y' - 2y = 3e^{2x} \tag{2.24}$$

の一般解を求めよ．

【解答】 非同次方程式 (2.24) の特殊解を探す．非同次項は指数関数だから，a を実数として $y = y_0(x) = ae^{2x}$ の形の特殊解を仮定する．方程式 (2.23) に代入すると

$$(ae^{2x})'' + (ae^{2x})' - 2ae^{2x} = 3e^{2x},$$

$$\therefore \quad (4a - 3)e^{2x} = 0$$

となる．これが x の恒等式になるためには $a = \frac{3}{4}$ であればよい．よって $y = y_0(x) = \frac{3}{4}e^{2x}$ は，(2.24) の特殊解である．

以上より，(2.24) の一般解は

$$y = Y(x) + y_0(x) = c_1 e^x + c_2 e^{-2x} + \frac{3}{4}e^{2x}$$

である．■

例題 2.3.3

（非同次項が三角関数の場合）　非同次方程式

$$y'' + y' - 2y = -10\sin x \tag{2.25}$$

の一般解を求めよ．

【解答】 非同次方程式 (2.25) の非同次項は定数倍を除けば正弦関数 $\sin x$ であり，(2.25) 左辺に代入した結果が $\sin x$ となるような関数としては $\sin x$ と $\cos x$ が考えられる．そこで，a, b を実数として，$y = y_0(x) = a\sin x + b\cos x$ という形の特殊解を探す．方程式 (2.25) に代入して整理すると

$$(a - 3b)\cos x + (-3a - b + 10)\sin x = 0$$

が得られる．ここで a, b が連立方程式 $a - 3b = 0$, $3a + b = 10$ の解，すなわち $a = 3$, $b = 1$ であれば，この式は x の恒等式になる．よって $y = y_0(x) = 3\sin x + \cos x$ は，(2.25) の特殊解である．

以上より，(2.25) の一般解は

$$y = Y(x) + y_0(x) = c_1e^x + c_2e^{-2x} + 3\sin x + \cos x$$

である．■

例題 2.3.4

（非同次項が多項式と指数関数の積の場合）　非同次方程式

$$y'' + y' - 2y = 4xe^{-x} \tag{2.26}$$

の一般解を求めよ．

【解答】 非同次方程式 (2.26) の非同次項は多項式（単項式）と指数関数の積である．ここで，非同次項が多項式 x であれば特殊解として $Ax + B$ を，指数関数 e^{-x} であれば特殊解は Ce^{-x} を仮定する（A, B, C は実数）．そこでこれらの積として $(Ax + B)Ce^{-x}$ という形を仮定する．ただし，定数をまとめて $y = y_0(x) = (ax + b)e^{-x}$（$a$, b は実数）とするとよい．方程式 (2.26) に代入して整理すると

$$\{(2a + 4)x + a + 2b\}e^{-x} = 0$$

となり，$2a + 4 = 0$ かつ $a + 2b = 0$，すなわち $a = -2$, $b = 1$ であればよい．つまり，$y = y_0(x) = (-2x + 1)e^{-x}$ は (2.26) の特殊解である．

以上より，(2.26) の一般解は

$$y = Y(x) + y_0(x) = c_1e^x + c_2e^{-2x} + (1 - 2x)e^{-x}$$

である．■

例題 2.3.5

(非同次項が多項式と三角関数の積の場合) 非同次方程式

$$y'' + y' - 2y = 50x \sin x \tag{2.27}$$

の特殊解をみつけよ.

【解答】 非同次項が多項式 x であれば特殊解として $Ax + B$ を，三角関数 $\sin x$ であれば特殊解は $C \sin x + D \cos x$ を仮定する（A, B, C, D は実数）. そこでこれらの積として $(Ax + B)(C \sin x + D \cos x)$ という形を仮定する. ただし，定数を整理して $y = y_0(x) = (ax + b) \sin x + (cx + d) \cos x$ とおくことにする（a, b, c, d は実数）. 計算は略すが,

$$y = y_0(x) = (2 - 15x) \sin x - (11 + 5x) \cos x$$

は (2.27) の特殊解であることがわかる. ■

このように，非同次項にあわせた関数形を仮定するのがうまく特殊解をみつけるコツである. ただし，次で述べる例外があることに注意が必要である.

非同次方程式

$$y'' + y' - 2y = e^x \tag{2.28}$$

の特殊解を求めてみよう. これまでの例題を参考にして，$y = y_0(x) = ae^x$（a は実数）という関数形を仮定してみる. ところが，この関数を (2.28) へ代入すると $0 = e^x$ という意味のない式になり，この形の特殊解は存在しないことがわかる. このようになる理由は，関数 e^x が (2.28) の同次方程式の特殊解であることによる. このときは，次の例題に示すように工夫が必要になる.

例題 2.3.6

非同次方程式 (2.28) の特殊解をみつけよ.

【解答】 特殊解の関数形として，非同次項から推測される e^x に x を掛けた $y = y_0(x) = axe^x$（a は実数）を仮定する. ここで

$$y_0{}' = a(x')e^x + ax(e^x)' = ae^x + axe^x,$$

$$y_0{}'' = a(x'')e^x + 2a(x')(e^x)' + ax(e^x)'' = 2ae^x + axe^x$$

となることに注意しよう. なお，$y_0{}''$ の計算にはライプニッツ則 (0.4) を用い

た．方程式 (2.28) に $y = y_0$ を代入すると

$$\begin{aligned}(\text{左辺}) &= (y_0)'' + (y_0)' - 2(y_0)\\ &= (2ae^x + axe^x) + (ae^x + axe^x) - 2axe^x\\ &= 3ae^x = e^x = (\text{右辺})\end{aligned}$$

となり，$a = \frac{1}{3}$ を得る．よって $y = y_0(x) = \frac{1}{3}xe^x$ は (2.28) の特殊解である．

■

●**注意**：対応する同次方程式の特性根が重根であり，かつ，非同次項の関数が同次方程式の特殊解になっている場合には，さらに工夫が必要になる．このような例は，本節の問題で扱う．

非同次項が，上記で扱った関数のいくつかの和である場合は，例題 2.2.4 で紹介した重ね合わせの原理を利用できる．

例題 2.3.7

非同次方程式

$$y'' + y' - 2y = -2x^2 - 2x + xe^{-x} \tag{2.29}$$

の一般解を求めよ．

【解答】 $r_1(x) = -x^2 - x$, $r_2(x) = 4xe^{-x}$ とおくと，(2.29) は $y'' + y' - 2y = 2r_1(x) + \frac{1}{4}r_2(x)$ と書ける．ここで，$y'' + y' - 2y = r_1(x)$ は例題 2.3.1 の方程式 (2.23) であり，$y = y_1(x) = \frac{1}{2}x^2 + x + 1$ はその特殊解であった．また，$y'' + y' - 2y = r_2(x)$ は例題 2.3.4 の方程式 (2.26) であり，$y = y_2(x) = (-2x + 1)e^{-x}$ はその特殊解であった．これらに重ね合わせの原理を適用すると，

$$y_0(x) = 2y_1(x) + \frac{1}{4}y_2(x) = x^2 + 2x + 2 + \left(\frac{1}{4} - \frac{x}{2}\right)e^{-x}$$

は (2.29) の特殊解である．(2.29) の同次方程式 $y'' + y' - 2y = 0$ の一般解は $y = Y(x) = c_1e^x + c_2e^{-2x}$ であったから，(2.29) の一般解は

$$y = c_1e^x + c_2e^{-2x} + x^2 + 2x + 2 + \left(\frac{1}{4} - \frac{x}{2}\right)e^{-x}$$

（c_1, c_2 は任意定数）である．

■

2.3 節の問題

2.3.1 次の非同次方程式の一般解を求めよ．

(1) $y'' + 2y' - 3y = x$　　(2) $y'' - 5y' + 6y = e^{-3x}$

(3) $y'' + 4y' + 3y = \cos x$　　(4) $y'' - 2y' - 3y = x^2 e^x$

2.3.2 次の非同次方程式の一般解を求めよ．特殊解についてはヒントを参照すること．

(1) $y'' - 4y' + 3y = e^{3x}$　　(2) $y'' - 4y' + 4y = e^{2x}$

(3) $y'' + y' - 2y = 5e^x \cos x$　　(4) $y'' - 2y' + y = xe^x$

（ヒント：それぞれの特殊解を次の形で探してみよ．(1) $y = axe^{3x}$，(2) $y = ax^2e^{2x}$，(3) $y = ae^x \sin x + be^x \cos x$，(4) $y = (ax+b)x^2e^x$．ただし，a, b は定数とする．）

2.3.3 非同次方程式

$$y'' + y' - 2y = \cos^2 x$$

の一般解を求めよ．

（ヒント：重ね合わせの原理を利用できるように非同次項 $\cos^2 x$ を変形する．）

2.3.4 非同次方程式 (2.28) を，変数変換 $y = u(x)e^x$ によって解け．（これは定数変化法の一種である．）

3
ラプラス変換

定数係数の線形微分方程式を解く方法の一つにラプラス変換を用いる方法があり，この方法を用いると特殊解が直接得られるという利点がある．本章では，この方法を用いるために最低限必要なラプラス変換の基本的な性質を紹介する．具体例をとおして，ラプラス変換を用いた微分方程式の解き方を理解しよう．

3.1 ラプラス変換の定義と性質

3.1.1 ラプラス変換の定義

(1) 定数関数のラプラス変換

$x \geq 0$ で定義された関数 $f(x)$ に対して，s を実数とするとき，

$$F(s) = \int_0^\infty f(x)e^{-sx}dx \tag{3.1}$$

で表される関数 $F(s)$ を求めることを関数 $f(x)$ の**ラプラス変換**といい，記号 $\mathcal{L}[f(x)](s)$ で表す．

ラプラス変換

$$\mathcal{L}[f(x)](s) = \int_0^\infty f(x)e^{-sx}dx \tag{3.2}$$

例 3.1.1　c を 0 でない定数とするとき，関数 $f(x) = c$ のラプラス変換を求める．

$s \neq 0$ のとき，

$$\int_0^a ce^{-sx}dx = \left[-\frac{ce^{-sx}}{s}\right]_0^a = -\frac{ce^{-sa}}{s} - \left(-\frac{ce^{-s\cdot 0}}{s}\right) = \frac{c}{s} - \frac{ce^{-sa}}{s},$$

$s=0$ のとき,

$$\int_0^a ce^{-0\cdot x}dx = \int_0^a c\,dx = \bigl[cx\bigr]_0^a = ca$$

であるから, $a\to\infty$ の極限が存在するのは $s>0$ のときであり,

$$\mathcal{L}[c](s) = \lim_{a\to\infty}\left(\frac{c}{s} - \frac{ce^{-sa}}{s}\right) = \frac{c}{s}$$

を得る.

□

定数関数のラプラス変換

c が実数のとき　$\mathcal{L}[c](s) = \dfrac{c}{s}.$　(3.3)

なお, ラプラス変換は広義積分を用いて定義されているので, s の値によって収束しないことがある. したがって, ラプラス変換 $\mathcal{L}[f(x)](s)$ の定義域は広義積分が存在するような s の範囲とする.

(2) x^n のラプラス変換

n が 0 以上の整数のとき, 関数 $f(x)=x^n$ のラプラス変換について次の公式が成り立つ.

x^n のラプラス変換

n が 0 以上の整数のとき　$\mathcal{L}[x^n](s) = \dfrac{n!}{s^{n+1}}.$　(3.4)

この公式を数学的帰納法によって証明する.

証明　$\mathcal{L}[x^n](s) = \dfrac{n!}{s^{n+1}}$ を ① とする.

[1]　$n=0$ のとき：　① の左辺は $\mathcal{L}[x^0](s) = \mathcal{L}[1](s) = \dfrac{1}{s}$, ① の右辺は $\dfrac{0!}{s^{0+1}} = \dfrac{1}{s}$. よって, $n=0$ のとき ① は成り立つ.

[2]　$n=k$ のとき ① が成り立つ, すなわち

$$\mathcal{L}[x^k](s) = \int_0^\infty x^k e^{-sx}dx = \frac{k!}{s^{k+1}} \quad \cdots ②$$

と仮定する. $n=k+1$ のとき,

$$\int_0^a x^{k+1}e^{-sx}dx = \left[-\frac{1}{s}x^{k+1}e^{-sx}\right]_0^a - \int_0^a \left(-\frac{k+1}{s}x^k e^{-sx}\right)dx$$

$$= -\frac{1}{s}a^{k+1}e^{-sa} + \frac{k+1}{s}\int_0^a x^k e^{-sx}dx$$

であり，②と $\lim_{a\to\infty} a^{k+1}e^{-sa} = 0$ により

$$\begin{aligned}\mathcal{L}[x^{k+1}](s) &= \int_0^\infty x^{k+1}e^{-sx}dx \\ &= \lim_{a\to\infty}\left(-\frac{1}{s}a^{k+1}e^{-sa} + \frac{k+1}{s}\int_0^a x^k e^{-sx}dx\right) \\ &= \frac{k+1}{s}\int_0^\infty x^k e^{-sx}dx = \frac{k+1}{s}\frac{k!}{s^{k+1}} = \frac{(k+1)!}{s^{k+2}}.\end{aligned}$$

すなわち，$\mathcal{L}[x^{k+1}](s) = \dfrac{(k+1)!}{s^{(k+1)+1}}$．よって，$n = k+1$ のときにも①は成り立つ．

[1], [2] から，すべての 0 以上の整数 n について①は成り立つ． □

(3) 三角関数のラプラス変換

部分積分法を用いると，

$$\begin{aligned}\int e^{-sx}\cos x\,dx &= e^{-sx}\sin x - \int(-se^{-sx})\sin x\,dx \\ &= e^{-sx}\sin x - s\left\{e^{-sx}\cos x - \int(-se^{-sx})\cos x\,dx\right\} \\ &= e^{-sx}(\sin x - s\cos x) - s^2\int e^{-sx}\cos x\,dx.\end{aligned}$$

よって

$$\int e^{-sx}\cos x\,dx = \frac{e^{-sx}(\sin x - s\cos x)}{s^2+1} + C \quad (C \text{ は積分定数}). \quad \cdots ①$$

したがって，$s > 0$ のとき $\lim_{a\to\infty} e^{-sa}\cos a = 0$, $\lim_{a\to\infty} e^{-sa}\sin a = 0$ より

$$\begin{aligned}\int_0^\infty e^{-sx}\cos x\,dx &= \lim_{a\to\infty}\left[\frac{e^{-sx}(\sin x - s\cos x)}{s^2+1}\right]_0^a \\ &= \lim_{a\to\infty}\left\{\frac{e^{-sa}(\sin a - s\cos a)}{s^2+1} - \left(-\frac{s}{s^2+1}\right)\right\} \\ &= \frac{s}{s^2+1}\end{aligned}$$

であるから，

$$\mathcal{L}[\cos x](s) = \frac{s}{s^2+1}.$$

さらに，① により

$$\int e^{-sx}\sin x\,dx = -e^{-sx}\cos x - \int se^{-sx}\cos x\,dx$$

$$= -e^{-sx}\cos x - s\frac{e^{-sx}(\sin x - s\cos x)}{s^2+1} + C'$$

$$= -\frac{e^{-sx}(\cos x + s\sin x)}{s^2+1} + C' \quad (C' \text{ は積分定数}).$$

したがって，$s>0$ のとき $\lim_{a\to\infty} e^{-sa}\cos a = 0$, $\lim_{a\to\infty} e^{-sa}\sin a = 0$ より

$$\int_0^\infty e^{-sx}\sin x\,dx = \lim_{a\to\infty}\left[-\frac{e^{-sx}(\cos x + s\sin x)}{s^2+1}\right]_0^a$$

$$= \lim_{a\to\infty}\left\{-\frac{e^{-sa}(\cos a + s\sin a)}{s^2+1} - \left(-\frac{1}{s^2+1}\right)\right\} = \frac{1}{s^2+1}$$

であるから，

$$\mathcal{L}[\sin x](s) = \frac{1}{s^2+1}.$$

三角関数のラプラス変換 I

$$\mathcal{L}[\cos x](s) = \frac{s}{s^2+1}, \quad \mathcal{L}[\sin x](s) = \frac{1}{s^2+1} \tag{3.5}$$

3.1.2 ラプラス変換の性質

(1) 線 形 性

関数 $f(x)$, $g(x)$ と定数 k に対し，

$$\mathcal{L}[kf(x)](s) = \int_0^\infty kf(x)e^{-sx}dx$$

$$= k\int_0^\infty f(x)e^{-sx}dx$$

$$= k\mathcal{L}[f(x)](s),$$

$$\mathcal{L}[f(x)+g(x)](s) = \int_0^\infty \{f(x)+g(x)\}e^{-sx}dx$$

$$= \int_0^\infty f(x)e^{-sx}dx + \int_0^\infty g(x)e^{-sx}dx$$
$$= \mathcal{L}[f(x)](s) + \mathcal{L}[g(x)](s)$$

が成り立つ．また，このことから，関数 $f(x)$, $g(x)$ と定数 k, l に対し，

$$\mathcal{L}[kf(x) + lg(x)](s) = k\mathcal{L}[f(x)](s) + l\mathcal{L}[g(x)](s)$$

が成り立つ．この性質をラプラス変換の**線形性**という．

ラプラス変換の線形性

k, l は定数とする．

$$\mathcal{L}[kf(x)](s) = k\mathcal{L}[f(x)](s), \tag{3.6}$$
$$\mathcal{L}[f(x) + g(x)](s) = \mathcal{L}[f(x)](s) + \mathcal{L}[g(x)](s), \tag{3.7}$$
$$\mathcal{L}[kf(x) + lg(x)](s) = k\,\mathcal{L}[f(x)](s) + l\mathcal{L}[g(x)](s) \tag{3.8}$$

例 3.1.2 (1) $f(x) = 2x + 3$ のラプラス変換は，

$$\mathcal{L}[2x+3](s) = 2\mathcal{L}[x](s) + \mathcal{L}[3](s) = \frac{2}{s^2} + \frac{3}{s}.$$

(2) $f(x) = \sin\left(x + \frac{\pi}{6}\right)$ のラプラス変換は，

$$\mathcal{L}\left[\sin\left(x + \frac{\pi}{6}\right)\right](s) = \mathcal{L}\left[\sin x \cos\frac{\pi}{6} + \cos x \sin\frac{\pi}{6}\right](s)$$
$$= \frac{\sqrt{3}}{2}\mathcal{L}[\sin x](s) + \frac{1}{2}\mathcal{L}[\cos x](s)$$
$$= \frac{\sqrt{3}}{2}\frac{1}{s^2+1} + \frac{1}{2}\frac{s}{s^2+1}.$$

□

(2) 相似性

関数 $f(x)$ と正の定数 k に対し，$f(kx)$ のラプラス変換は

$$\mathcal{L}[f(kx)] = \int_0^\infty f(kx)e^{-sx}dx$$

である．$x = \frac{t}{k}$ とおくと，$\frac{dx}{dt} = \frac{1}{k}$ であるから，

$$\int_0^\infty f(kx)e^{-sx}dx = \int_0^\infty f(t)e^{-\frac{s}{k}t}\frac{1}{k}\,dt = \frac{1}{k}\mathcal{L}[f(x)]\left(\frac{s}{k}\right)$$

となることがわかる．この性質をラプラス変換の**相似性**という．

$f(kt)$ のラプラス変換

$\mathcal{L}[f(x)](s) = F(s)$, $k > 0$ とするとき

$$\mathcal{L}[f(kx)](s) = \frac{1}{k}F\left(\frac{s}{k}\right). \tag{3.9}$$

この性質から，正の定数 b に対し，$\cos bx$ と $\sin bx$ のラプラス変換を求めることができる．

$\mathcal{L}[\cos x](s) = \dfrac{s}{s^2+1}$ であるから，

$$\mathcal{L}[\cos bx](s) = \frac{1}{b}\frac{\frac{s}{b}}{\left(\frac{s}{b}\right)^2+1} = \frac{s}{s^2+b^2}.$$

$\mathcal{L}[\sin x](s) = \dfrac{1}{s^2+1}$ であるから，

$$\mathcal{L}[\sin bx](s) = \frac{1}{b}\frac{1}{\left(\frac{s}{b}\right)^2+1} = \frac{b}{s^2+b^2}.$$

三角関数のラプラス変換 II

$b > 0$ とするとき

$$\mathcal{L}[\cos bx](s) = \frac{s}{s^2+b^2}, \quad \mathcal{L}[\sin bx](s) = \frac{b}{s^2+b^2}. \tag{3.10}$$

(3) $e^{ax}f(x)$ のラプラス変換

関数 $f(x)$ と定数 a に対し，$e^{ax}f(x)$ のラプラス変換は

$$\begin{aligned}\mathcal{L}[e^{ax}f(x)](s) &= \int_0^\infty e^{ax}f(x)e^{-sx}dx \\ &= \int_0^\infty f(x)e^{-(s-a)x}dx \\ &= \mathcal{L}[f(x)](s-a)\end{aligned}$$

となることがわかる．

$e^{ax}f(x)$ のラプラス変換

$\mathcal{L}[f(x)](s) = F(s)$, a は定数とするとき

$$\mathcal{L}[e^{ax}f(x)](s) = F(s-a). \tag{3.11}$$

この性質から，定数 a に対し，e^{ax}, $x^n e^{ax}$（n は 1 以上の整数），$e^{ax}\cos bx$, $e^{ax}\sin bx$ のラプラス変換を求めることができる．

まず，$\mathcal{L}[1](s) = \dfrac{1}{s}$ であるから，

$$\mathcal{L}[e^{ax}](s) = \mathcal{L}[e^{ax}\cdot 1](s) = \frac{1}{s-a}.$$

指数関数のラプラス変換

$$\mathcal{L}[e^{ax}](s) = \frac{1}{s-a} \tag{3.12}$$

次に，$\mathcal{L}[x^n](s) = \dfrac{n!}{s^{n+1}}$ であるから，

$$\mathcal{L}[x^n e^{ax}](s) = \frac{n!}{(s-a)^{n+1}}.$$

$x^n e^{ax}$ のラプラス変換

$$\mathcal{L}[x^n e^{ax}](s) = \frac{n!}{(s-a)^{n+1}} \tag{3.13}$$

最後に，$\mathcal{L}[\cos bx](s) = \dfrac{s}{s^2+b^2}$ であるから，

$$\mathcal{L}[e^{ax}\cos bx](s) = \frac{s-a}{(s-a)^2+b^2},$$

$\mathcal{L}[\sin bx](s) = \dfrac{b}{s^2+b^2}$ であるから，

$$\mathcal{L}[e^{ax}\sin bx](s) = \frac{b}{(s-a)^2+b^2}.$$

$e^{ax}\cos bx$，$e^{ax}\sin bx$ のラプラス変換

$$\mathcal{L}[e^{ax}\cos bx](s) = \frac{s-a}{(s-a)^2+b^2}, \tag{3.14}$$

$$\mathcal{L}[e^{ax}\sin bx](s) = \frac{b}{(s-a)^2+b^2} \tag{3.15}$$

(4) 導関数のラプラス変換

関数 $f(x)$ は微分可能で，$\mathcal{L}[f(x)](s) = F(s)$ とする．このとき，部分積分法により

$$\int_0^a f'(x)e^{-sx}dx = \left[f(x)e^{-sx}\right]_0^a - \int_0^a f(x)(-se^{-sx})\,dx$$
$$= f(a)e^{-sa} - f(0) + s\int_0^a f(x)e^{-sx}dx.$$

したがって，s が $\lim_{a\to\infty} f(a)e^{-sa} = 0$ を満たすとき，

$$\mathcal{L}[f'(x)](s) = \lim_{a\to\infty}\left\{f(a)e^{-sa} - f(0) + s\int_0^a f(x)e^{-sx}dx\right\}$$
$$= sF(s) - f(0)$$

となる．さらに，関数 $f'(x)$ が微分可能であり，s が $\lim_{a\to\infty} f'(a)e^{-sa} = 0$ を満たすとき，

$$\mathcal{L}[f''(x)](s) = s\mathcal{L}[f'(x)](s) - f'(0) = s\left\{s\mathcal{L}[f(x)](s) - f(0)\right\} - f'(0)$$
$$= s^2F(s) - sf(0) - f'(0)$$

となる．

導関数のラプラス変換

$\mathcal{L}[f(x)](s) = F(s)$ ならば

$$\mathcal{L}[f'(x)](s) = sF(s) - f(0), \tag{3.16}$$
$$\mathcal{L}[f''(x)](s) = s^2F(s) - sf(0) - f'(0). \tag{3.17}$$

3.1.3 逆ラプラス変換

関数 $F(s)$ に対して，ラプラス変換すると $F(s)$ になる関数，すなわち

$$\mathcal{L}[f(x)](s) = F(s) \tag{3.18}$$

となる関数 $f(x)$ を，$F(s)$ の**逆ラプラス変換**または**ラプラス逆変換**という．関数 $F(s)$ の逆ラプラス変換を記号 $\mathcal{L}^{-1}[F(s)](x)$ で表す．

例 3.1.3　$\mathcal{L}\left[1\right](s) = \dfrac{1}{s}$ であるから，$\dfrac{1}{s}$ の逆ラプラス変換は

$$\mathcal{L}^{-1}\left[\frac{1}{s}\right](x) = 1. \qquad \square$$

n が 0 以上の整数のとき $\mathcal{L}[x^n e^{ax}](s) = \dfrac{n!}{(s-a)^{n+1}}$ であるから，$\dfrac{1}{(s-a)^n}$ の逆ラプラス変換について，次の公式が得られる．

$\dfrac{1}{(s-a)^n}$ の逆ラプラス変換

n が 1 以上の整数のとき

$$\mathcal{L}^{-1}\left[\frac{1}{(s-a)^n}\right](x) = \frac{1}{(n-1)!}x^{n-1}e^{a\,x}. \tag{3.19}$$

また，$\mathcal{L}[e^{ax}\cos bx](s) = \dfrac{s-a}{(s-a)^2+b^2}$，$\mathcal{L}[e^{ax}\sin bx](s) = \dfrac{b}{(s-a)^2+b^2}$ であるから，$\dfrac{s-a}{(s-a)^2+b^2}$，$\dfrac{b}{(s-a)^2+b^2}$ の逆ラプラス変換について，次の公式が得られる．

$\dfrac{s-a}{(s-a)^2+b^2}$，$\dfrac{b}{(s-a)^2+b^2}$ の逆ラプラス変換

$$\mathcal{L}^{-1}\left[\frac{s-a}{(s-a)^2+b^2}\right](x) = e^{ax}\cos bx, \tag{3.20}$$

$$\mathcal{L}^{-1}\left[\frac{b}{(s-a)^2+b^2}\right](x) = e^{ax}\sin bx \tag{3.21}$$

ラプラス変換の線形性から，逆ラプラス変換について次の等式が成り立つことがわかる．

逆ラプラス変換の線形性

k, l は定数とする．

$$\mathcal{L}^{-1}[kF(s)](x) = k\mathcal{L}^{-1}[F(s)](x), \tag{3.22}$$

$$\mathcal{L}^{-1}[F(s)+G(s)](x) = \mathcal{L}^{-1}[F(s)](x) + \mathcal{L}^{-1}[G(s)](x), \tag{3.23}$$

$$\mathcal{L}^{-1}[kF(s)+lG(s)](x) = k\mathcal{L}^{-1}[F(s)](x) + l\mathcal{L}^{-1}[G(s)](x) \tag{3.24}$$

例 3.1.4　(1) $\mathcal{L}^{-1}\left[\dfrac{2}{s^2-1}\right](x)$ を求める.

$\dfrac{2}{s^2-1} = \dfrac{1}{s-1} - \dfrac{1}{s+1}$ と部分分数分解できるから,

$$\mathcal{L}^{-1}\left[\frac{2}{s^2-1}\right](x) = \mathcal{L}^{-1}\left[\frac{1}{s-1}\right](x) - \mathcal{L}^{-1}\left[\frac{1}{s+1}\right](x) = e^x - e^{-x}.$$

(2) $\mathcal{L}^{-1}\left[\dfrac{s}{s^2-2s+2}\right](x)$ を求める.

$$\frac{s}{s^2-2s+2} = \frac{(s-1)+1}{(s-1)^2+1} = \frac{s-1}{(s-1)^2+1} + \frac{1}{(s-1)^2+1}$$

と変形できるから,

$$\begin{aligned}&\mathcal{L}^{-1}\left[\frac{s}{s^2-2s+2}\right](x)\\&= \mathcal{L}^{-1}\left[\frac{s-1}{(s-1)^2+1}\right](x) + \mathcal{L}^{-1}\left[\frac{1}{(s-1)^2+1}\right](x)\\&= e^x\cos x + e^x \sin x.\end{aligned}$$

□

3.1 節の問題

3.1.1 次の関数のラプラス変換を求めよ.

(1) $2x^2+x$　(2) $2\sin\left(x+\dfrac{\pi}{3}\right)$　(3) $\cos^2\dfrac{x}{2}$

3.1.2 次の関数のラプラス変換を求めよ.

(1) $\sin x\cos x$　(2) $\sin^2 x$　(3) $\cos\left(2x+\dfrac{\pi}{4}\right)$

3.1.3 次の関数のラプラス変換を求めよ.

(1) 2^x-1　(2) $(2x+1)e^{-x}$　(3) $e^{-2x}\sin\left(2x-\dfrac{\pi}{6}\right)$

3.1.4 $\mathcal{L}[f(x)](s) = F(s)$, $f(0)=1$, $f'(0)=3$ のとき, $f''(x)-3f'(x)+2f(x)$ のラプラス変換を $F(s)$ を用いて表せ.

3.1.5 次の関数の逆ラプラス変換を求めよ.

(1) $\dfrac{s+2}{s^2+4}$　(2) $\dfrac{s}{(s-2)^2}$　(3) $\dfrac{1}{s^2+3s+2}$

(4) $\dfrac{2s^2+1}{s^3+s}$　(5) $\dfrac{2}{s^3-s}$　(6) $\dfrac{4}{s^4-1}$

3.2　ラプラス変換による線形常微分方程式の解法

(**1**)　定数係数の 1 階線形微分方程式

$$y' + py = q(x) \tag{3.25}$$

において，$x = c$ での y の値 $y(c)$ を指定して解を求める問題を**初期値問題**といった．この初期値問題は，ラプラス変換を用いて解くことができる．

例題 3.2.1

定数係数の 1 階線形微分方程式の初期値問題

$$y' + y = 2e^x, \quad y(0) = 2$$

の解をラプラス変換を用いて求めよ．

【解答】　$Y(s) = \mathcal{L}[y(x)](s)$ とおくと，

$$\mathcal{L}[y'(x)](s) = sY(s) - y(0) = sY(s) - 2.$$

与えられた微分方程式の両辺をラプラス変換すると，

$$sY(s) - 2 + Y(s) = \frac{2}{s-1}.$$

したがって，

$$Y(s) = \frac{2s}{(s+1)(s-1)} = \frac{1}{s-1} + \frac{1}{s+1}.$$

両辺の逆ラプラス変換は

$$\mathcal{L}^{-1}[Y(s)](x) = \mathcal{L}^{-1}\left[\frac{1}{s-1}\right](x) + \mathcal{L}^{-1}\left[\frac{1}{s+1}\right](x),$$

すなわち，

$$y(x) = e^x + e^{-x}$$

となる．　■

(**2**)　定数係数の 2 階線形微分方程式

$$y'' + py' + qy = r(x) \tag{3.26}$$

においては，$x = c$ での y の値 $y(c)$ と y' の値 $y'(c)$ を指定して解を求める問題を**初期値問題**という．この初期値問題もラプラス変換を用いて解くことができる．

例題 3.2.2

定数係数の 2 階線形微分方程式の初期値問題

$$y'' + y = 2e^x, \quad y(0) = 0,\ y'(0) = 0$$

の解をラプラス変換を用いて求めよ．

【解答】 $Y(s) = \mathcal{L}[y(x)](s)$ とおくと，

$$\mathcal{L}[y'(x)](s) = sY(s) - y(0) = sY(s),$$

$$\mathcal{L}[y''(x)](s) = s^2Y(s) - sy(0) - y'(0) = s^2Y(s).$$

与えられた微分方程式の両辺をラプラス変換すると，

$$s^2Y(s) + Y(s) = \frac{2}{s-1}.$$

したがって，

$$Y(s) = \frac{2}{(s-1)(s^2+1)}.$$

ここで，

$$\frac{2}{(s-1)(s^2+1)} = \frac{a}{s-1} + \frac{bs+c}{s^2+1}$$

となる定数 a, b, c を求めると，

$$2 = a(s^2+1) + (bs+c)(s-1)$$

であるから，$s = 1$ を代入して $2 = 2a$．すなわち $a = 1$ を得る．

$$2 - 1 \cdot (s^2+1) = 1 - s^2 = (-s-1)(s-1)$$

であるから，$b = -1, c = -1$ がわかる．よって，

$$Y(s) = \frac{1}{s-1} - \frac{s}{s^2+1} - \frac{1}{s^2+1}.$$

両辺の逆ラプラス変換は

$$\mathcal{L}^{-1}[Y(s)](x) = \mathcal{L}^{-1}\left[\frac{1}{s-1}\right](x) - \mathcal{L}^{-1}\left[\frac{s}{s^2+1}\right](x) - \mathcal{L}^{-1}\left[\frac{1}{s^2+1}\right](x),$$

すなわち，

$$y(x) = e^x - \cos x - \sin x$$

となる. ■

3.2 節の問題

3.2.1 次の微分方程式の初期値問題について，ラプラス変換を用いて解け.

(1) $y' + y = 2\sin x, \quad y(0) = 0$

(2) $y'' + y' = -1, \quad y(0) = 0,\ y'(0) = 0$

(3) $y'' - 3y' + 2y = e^x, \quad y(0) = 1,\ y'(0) = 3$

(4) $y'' + y = 2(x+1)e^x, \quad y(0) = 0,\ y'(0) = 0$

(5) $y'' + 2y' + y = 1, \quad y(0) = 0,\ y'(0) = 1$

(6) $y'' - 2y' + y = 2\sin x, \quad y(0) = 0,\ y'(0) = 2$

3.2.2 微分方程式 $y'' + y = (2x^2 - 4x + 2)e^{-x}$ の一般解を，ラプラス変換を用いて解け.
（ヒント：$y(0) = c_1,\ y'(0) = c_2$ とおく.）

3.2.3 次の微分方程式の初期値問題について，ラプラス変換を用いて解け.

$$y'' + 4y = 6\sin x, \quad y(2\pi) = 0,\ y'(2\pi) = 0$$

（ヒント：$x = t+2\pi,\ z(t) = y(t+2\pi)$ と変数変換すると，$z'' + 4z = 6\sin t,\ z(0) = 0,\ z'(0) = 0$ となる．または，一般解を求めてから初期条件を満たすように定数を決定する.）

4 べき級数による解法

線形微分方程式を解く方法の一つにべき級数を用いる方法がある．この方法は，定数係数でない場合の線形微分方程式にも利用することができる．本章では，具体例をとおして，べき級数を用いた微分方程式の解き方を理解しよう．

4.1 べき級数の基本事項

べき級数とは，数列 $\{a_n\}$ を用いた

$$\sum_{n=0}^{\infty} a_n(x-c)^n = a_0 + a_1(x-c) + \cdots + a_n(x-c)^n + \cdots \tag{4.1}$$

の形の級数である．べき級数に対して**部分和**とよばれる数列

$$\sum_{k=0}^{n} a_k(x-c)^k \tag{4.2}$$

の収束・発散は一般に x の値に依存する．べき級数を x の関数と考えるときは，この部分和が収束するような x を定義域とする．部分和の収束・発散は，次のいずれかとなることが知られている．

(1) すべての実数 x について収束．

(2) ある正の実数 r が存在して，$|x-c|<r$ のとき収束，$|x-c|>r$ のとき発散．

(3) $x=c$ のとき収束，$x \neq c$ のとき発散．

このうち (2) の場合の実数 r をべき級数の**収束半径**という．また，(1) の場合は収束半径が無限大，(3) の場合は収束半径が 0 と定めることにする．べき級数の収束半径について，(1) や (3) の場合も含めて次の公式が知られている．

べき級数の収束半径 I

べき級数 $\sum_{n=0}^{\infty} a_n(x-c)^n$ について，極限 $\lim_{n\to\infty}\left|\frac{a_n}{a_{n+1}}\right|$ が存在するときの収束半径 r は

$$r = \lim_{n\to\infty}\left|\frac{a_n}{a_{n+1}}\right|. \tag{4.3}$$

また，次の公式も知られている．

べき級数の収束半径 II

べき級数 $\sum_{n=0}^{\infty} a_n(x-c)^n$ について，極限 $\lim_{n\to\infty}\sqrt[n]{|a_n|}$ が存在するときの収束半径 r は

$$r = \lim_{n\to\infty}\frac{1}{\sqrt[n]{|a_n|}}. \tag{4.4}$$

(1) と (2) の場合，$f(x) = \sum_{n=0}^{\infty} a_n(x-c)^n$ の収束半径が r であるとき，級数

$$\sum_{n=0}^{\infty} a_n\{(x-c)^n\}' = \sum_{n=0}^{\infty} na_n(x-c)^{n-1} = \sum_{n=0}^{\infty}(n+1)a_{n+1}(x-c)^n$$

の収束半径は r となり，$f'(x) = \sum_{n=0}^{\infty}(n+1)a_{n+1}(x-c)^n$ を満たすことが知られている．

関数 $f(x)$ が開区間 $|x-c|<r$ で n 回微分可能とする．このとき $|x-c|<r$ に対して

$$f(x) = \sum_{k=0}^{n-1}\frac{f^{(k)}(c)}{k!}(x-c)^k + \frac{f^{(n)}(c+\theta(x-c))}{n!}(x-c)^n \tag{4.5}$$

を満たす θ $(0<\theta<1)$ が存在する．この式を $f(x)$ の $x=c$ における**有限べき級数展開**，または**有限テイラー展開**という．とくに，$c=0$ のときは**有限マクローリン展開**という．$|x-c|<r$ に対して，任意の自然数 n で $|f^{(n)}(x)| \leq g(x)$ が成り立つような連続関数 $g(x)$ が存在するときには，$|x-c|<r$ に対して

$$f(x) = \sum_{k=0}^{\infty}\frac{f^{(k)}(c)}{k!}(x-c)^k \tag{4.6}$$

が成り立つ．この式を $f(x)$ の $x=c$ における**べき級数展開**，または**テイラー級数展開**という．とくに，$c=0$ のときは**マクローリン級数展開**という．基本的な関数のマクローリン級数展開は次のようになる．

$$e^x = \sum_{n=0}^{\infty} \frac{1}{n!} x^n \tag{4.7}$$

$$\cosh x = \sum_{m=0}^{\infty} \frac{1}{(2m)!} x^{2m} \tag{4.8}$$

$$\sinh x = \sum_{m=0}^{\infty} \frac{1}{(2m+1)!} x^{2m+1} \tag{4.9}$$

$$\cos x = \sum_{m=0}^{\infty} \frac{(-1)^m}{(2m)!} x^{2m} \tag{4.10}$$

$$\sin x = \sum_{m=0}^{\infty} \frac{(-1)^m}{(2m+1)!} x^{2m+1} \tag{4.11}$$

$$\log(1+x) = \sum_{n=1}^{\infty} \frac{(-1)^{n-1}}{n} x^n \quad (|x|<1) \tag{4.12}$$

$$(1+x)^{\alpha} = \sum_{n=0}^{\infty} \binom{\alpha}{n} x^n \quad (|x|<1) \tag{4.13}$$

ただし，

$$\binom{\alpha}{n} = \begin{cases} \frac{\alpha(\alpha-1)\cdots(\alpha-n+1)}{n!} & (n \neq 0) \\ 1 & (n=0) \end{cases}$$

である．

多くの基本的な関数についてマクローリン級数展開が存在して，関数をべき級数で表せることがわかる．また，べき級数がある関数のマクローリン級数展開となっている場合には，いわゆる通常の関数の表示を得ることができる．

4.1 節の問題

4.1.1 次のべき級数の収束半径を求めよ．

(1) $\displaystyle\sum_{n=0}^{\infty} \frac{1}{2^n} x^n$ (2) $\displaystyle\sum_{n=1}^{\infty} \frac{n^n}{n!} x^n$ (3) $\displaystyle\sum_{n=0}^{\infty} \frac{(-1)^n}{n!} x^n$ (4) $\displaystyle\sum_{n=2}^{\infty} (\log n)^n x^n$

4.1.2 関数 $f(t) = \dfrac{1}{1-t}$ のマクローリン級数展開は $f(t) = \displaystyle\sum_{n=0}^{\infty} t^n$ $(|t|<1)$ である．

これを利用して，関数 $g(x) = \dfrac{1}{1+3x^2}$ のマクローリン級数展開を求めよ．

（ヒント：f と g の関係は $g(x) = f(-3x^2)$ である．）

4.2 べき級数による線形常微分方程式の解法

(**1**) 本節では，線形常微分方程式の解がべき級数の形で書けることを仮定した解法を紹介する．

例題 4.2.1

級数 $y = \sum_{n=0}^{\infty} a_n x^n$ が 1 階線形微分方程式 $y' - y = 0$ を満たすとき，a_n $(n = 1, 2, 3, \ldots)$ を a_0 を用いて表せ．また，このときの y を求めよ．

【解答】 $y = \sum_{n=0}^{\infty} a_n x^n$ と仮定すると，

$$y' = \sum_{n=1}^{\infty} n a_n x^{n-1} = \sum_{n=0}^{\infty} (n+1) a_{n+1} x^n$$

となるから，これを $y' - y = 0$ に代入して，

$$\sum_{n=0}^{\infty} (n+1) a_{n+1} x^n - \sum_{n=0}^{\infty} a_n x^n = 0,$$

すなわち，

$$\sum_{n=0}^{\infty} \{(n+1) a_{n+1} - a_n\} x^n = 0.$$

この式が任意の x で成り立つとき，

$$(n+1) a_{n+1} - a_n = 0 \quad (n = 0, 1, 2, \ldots),$$

すなわち，

$$(n+1)!\, a_{n+1} = n!\, a_n$$

となるから，

$$n!\, a_n = 0!\, a_0 = a_0.$$

したがって，

$$a_n = \frac{a_0}{n!} \quad (n = 1, 2, 3, \ldots).$$

このとき，$y = a_0 \sum_{n=0}^{\infty} \frac{1}{n!} x^n$ であり，収束半径は

$$\lim_{n \to \infty} \left| \frac{a_n}{a_{n+1}} \right| = \lim_{n \to \infty} \left| \frac{\frac{1}{n!}}{\frac{1}{(n+1)!}} \right| = \lim_{n \to \infty} (n+1) = \infty.$$

なお，指数関数のマクローリン級数展開は

$$e^x = \sum_{n=0}^{\infty} \frac{1}{n!} x^n$$

であるから，解は $y = a_0 e^x$ と表すこともできる．■

(**2**) 次に，2 階線形微分方程式

$$y'' + p(x)y' + q(x)y = 0 \tag{4.14}$$

について，

$$p(x) = \sum_{n=0}^{\infty} p_n (x-c)^n, \quad q(x) = \sum_{n=0}^{\infty} q_n (x-c)^n \tag{4.15}$$

とべき級数展開できるとき，$x = c$ を微分方程式の**正則点**という．正則点のまわりでのべき級数解は，例題 4.2.1 と同様の方法で求めることができる．

例題 4.2.2

級数 $y = \sum_{n=0}^{\infty} a_n x^n$ が 2 階線形微分方程式

$$(1-x^2)y'' - x\,y' + y = 0$$

を満たすとき，a_n $(n = 2, 3, 4, \ldots)$ を a_0 と a_1 を用いて表せ．また，このときの y を求めよ．

【解答】 与式は

$$y'' - \frac{x}{1-x^2} y' + \frac{1}{1-x^2} y = 0$$

と変形できる．

$$p(x) = -\frac{x}{1-x^2}, \quad q(x) = \frac{1}{1-x^2}$$

とおくと，

$$p(x) = -\sum_{n=0}^{\infty} x^{2n+1}, \quad q(x) = \sum_{n=0}^{\infty} x^{2n}$$

とべき級数展開できるから，$x = 0$ は正則点である．$y = \sum_{n=0}^{\infty} a_n x^n$ とすると，

$$y' = \sum_{n=1}^{\infty} n a_n x^{n-1} = \sum_{n=0}^{\infty} (n+1) a_{n+1} x^n,$$

$$y'' = \sum_{n=2}^{\infty} n(n-1) a_n x^{n-2} = \sum_{n=0}^{\infty} (n+2)(n+1) a_{n+2} x^n$$

となるから，

$$x^2y'' = x^2\sum_{n=2}^{\infty} n(n-1)a_n x^{n-2} = \sum_{n=0}^{\infty} n(n-1)a_n x^n,$$

$$xy' = x\sum_{n=1}^{\infty} na_n x^{n-1} = \sum_{n=0}^{\infty} na_n x^n$$

であり，これらを $y'' - x^2y'' - xy' + y$ に代入して，

$$\begin{aligned}
&y'' - x^2y'' - xy' + y \\
&= \sum_{n=0}^{\infty}(n+2)(n+1)a_{n+2}x^n - \sum_{n=0}^{\infty} n(n-1)a_n x^n - \sum_{n=0}^{\infty} na_n x^n + \sum_{n=0}^{\infty} a_n x^n \\
&= \sum_{n=0}^{\infty}\{(n+2)(n+1)a_{n+2} - n(n-1)a_n - na_n + a_n\}x^n \\
&= \sum_{n=0}^{\infty}(n+1)\{(n+2)a_{n+2} - (n-1)a_n\}x^n
\end{aligned}$$

を得る．この式が恒等的に 0 となるとき

$$(n+2)a_{n+2} - (n-1)a_n = 0 \quad (n = 0, 1, 2\ldots),$$

よって

$$\begin{aligned}
a_{2n+1} &= \frac{2n-2}{2n+1}a_{2n-1} = \cdots = \frac{2n-2}{2n+1}\frac{2n-4}{2n-1}\cdots\frac{2}{5}\frac{0}{3}a_1 = 0 \quad (n \geq 1), \\
a_{2n} &= \frac{2n-3}{2n}a_{2n-2} = \cdots = \frac{2n-3}{2n}\frac{2n-5}{2n-2}\cdots\frac{1}{4}\frac{-1}{2}a_0 \\
&= -\frac{(2n-3)!!}{(2n)!!}a_0 \quad (n \geq 1)
\end{aligned}$$

と求まるから，

$$\begin{aligned}
y &= a_0 + a_1x - a_0\sum_{n=1}^{\infty}\frac{(2n-3)!!}{(2n)!!}x^{2n} \\
&= a_0\left\{1 - \sum_{n=1}^{\infty}\frac{(2n-3)!!}{(2n)!!}x^{2n}\right\} + a_1x.
\end{aligned}$$

収束半径は，まず，$b_n = \dfrac{(2n-3)!!}{(2n)!!}$ とおくと，

$$\lim_{n\to\infty}\left|\frac{b_n}{b_{n+1}}\right| = \lim_{n\to\infty}\left|\frac{\frac{(2n-3)!!}{(2n)!!}}{\frac{(2n-1)!!}{(2n+2)!!}}\right| = \lim_{n\to\infty}\frac{2n+2}{2n-1} = 1$$

であるから，

$$\sum_{n=1}^{\infty}\frac{(2n-3)!!}{(2n)!!}z^n$$

の収束半径が 1 とわかる．したがって $|z|<1$ のとき収束，$|z|>1$ のとき発散する．このことから，

$$\sum_{n=1}^{\infty}\frac{(2n-3)!!}{(2n)!!}x^{2n}$$

は $|x^2|<1$ のとき収束，$|x^2|>1$ のとき発散し，すなわち $|x|<1$ のとき収束，$|x|>1$ のとき発散する．ゆえに，求めたべき級数解の収束半径は 1 である．

なお，$\sqrt{1+x}$ のマクローリン級数展開は

$$\sqrt{1+x}=(1+x)^{\frac{1}{2}}=\sum_{n=0}^{\infty}\binom{\frac{1}{2}}{n}x^n$$
$$=1+\sum_{n=1}^{\infty}\frac{(-1)^{n-1}(2n-3)!!}{(2n)!!}x^n \quad (|x|<1)$$

であるから，解は $y=a_0\sqrt{1-x^2}+a_1x$ と表すこともできる．■

(**3**) 2 階線形微分方程式 (4.14) について，正則点でない x の値を**特異点**という．特異点 $x=c$ について，

$$P(x)=(x-c)p(x)=\sum_{n=0}^{\infty}P_n(x-c)^n, \tag{4.16}$$

$$Q(x)=(x-c)^2q(x)=\sum_{n=0}^{\infty}Q_n(x-c)^n \tag{4.17}$$

とべき級数展開できるとき，$x=c$ を**確定特異点**という．確定特異点の場合は**決定方程式**

$$r^2+(P(c)-1)r+Q(c)=0 \tag{4.18}$$

を満たす r を α,β とするとき，次のような形の 1 次独立な解が存在することが知られている．

i) $\alpha-\beta$ が整数でないとき，

$$y=\sum_{n=0}^{\infty}a_n(x-c)^{n+\alpha}, \tag{4.19}$$

$$y=\sum_{n=0}^{\infty}b_n(x-c)^{n+\beta}. \tag{4.20}$$

ii) $\alpha = \beta$（重根）のとき，

$$y = \sum_{n=0}^{\infty} a_n (x-c)^{n+\alpha}, \tag{4.21}$$

$$y = b_{-1} \log(x-c) \sum_{n=0}^{\infty} a_n (x-c)^{n+\alpha} + \sum_{n=1}^{\infty} b_n (x-c)^{n+\alpha}. \tag{4.22}$$

iii) $\alpha - \beta$ が自然数のとき，

$$y = \sum_{n=0}^{\infty} a_n (x-c)^{n+\alpha}, \tag{4.23}$$

$$y = b_{-1} \log(x-c) \sum_{n=0}^{\infty} a_n (x-c)^{n+\alpha} + \sum_{n=0}^{\infty} b_n (x-c)^{n+\beta} \quad (b_{\alpha-\beta} = 0). \tag{4.24}$$

これらの解は一般には「べき級数」ではないのだが，慣例に従って「$x = c$ のまわりのべき級数解」とよぶことにする．また，これらの解は一般には $x = c$ では微分できず，べき級数解の収束半径が r のとき，$0 < x - c < r$ の範囲でのみ微分方程式を満たす．なお，$-r < x - c < 0$ の範囲では，これらの解の $(x-c)$ の項を $|x-c|$ に置き換えた形の解が存在する．これらをあわせて，べき級数解は $0 < |x-c| < r$ の範囲の解を与える．例題でそれぞれの場合のべき級数解の求め方をみていく．

例題 4.2.3

2 階線形微分方程式

$$4xy'' + 2y' - y = 0$$

の $x = 0$ のまわりのべき級数解を求めよ．

【解答】 与式より

$$y'' + \frac{1}{2x} y' - \frac{1}{4x} y = 0$$

であるから，

$$p(x) = \frac{1}{2x}, \quad q(x) = -\frac{1}{4x}$$

とおく．

$$P(x) = xp(x) = \frac{1}{2}, \quad Q(x) = x^2 q(x) = -\frac{x}{4}$$

であるから，$x = 0$ は確定特異点である．このとき，$P(0) = \dfrac{1}{2}$, $Q(0) = 0$ で

あるから，決定方程式は

$$r^2 + \left(\frac{1}{2} - 1\right) r + 0 = 0,$$

すなわち

$$r\left(r - \frac{1}{2}\right) = 0$$

であるので, $r = 0,\ \dfrac{1}{2}$ である．これはi) の場合であるから, まず, $y = \sum_{n=0}^{\infty} a_n x^{n+r}$ の形の級数解を仮定すると

$$y' = \sum_{n=0}^{\infty} (n+r) a_n x^{n+r-1},$$

$$y'' = \sum_{n=0}^{\infty} (n+r)(n+r-1) a_n x^{n+r-2}$$

より

$$\begin{aligned} xy'' &= \sum_{n=0}^{\infty} (n+r)(n+r-1) a_n x^{n+r-1} \\ &= r(r-1) a_0 x^{r-1} + \sum_{n=0}^{\infty} (n+r+1)(n+r) a_{n+1} x^{n+r}, \\ y' &= \sum_{n=0}^{\infty} (n+r) a_n x^{n+r-1} \\ &= r a_0 x^{r-1} + \sum_{n=0}^{\infty} (n+r+1) a_{n+1} x^{n+r} \end{aligned}$$

であり，これらを $4xy'' + 2y' - y$ に代入して，

$$\begin{aligned} &4xy'' + 2y' - y \\ &= 4r(r-1) a_0 x^{r-1} + 4\sum_{n=0}^{\infty} (n+r+1)(n+r) a_{n+1} x^{n+r} \\ &\quad + 2r a_0 x^{r-1} + 2\sum_{n=0}^{\infty} (n+r+1) a_{n+1} x^{n+r} - \sum_{n=0}^{\infty} a_n x^{n+r} \\ &= 4r\left(r - \frac{1}{2}\right) a_0 x^{r-1} \\ &\quad + \sum_{n=0}^{\infty} \left\{2(n+r+1)(2n+2r+1) a_{n+1} - a_n\right\} x^{n+r}. \end{aligned}$$

したがって，$r = 0,\ \dfrac{1}{2}$ のとき，

$$2(n+r+1)(2n+2r+1)a_{n+1}-a_n=0 \quad (n=0,1,2,\ldots)$$

を得る.

$r=\dfrac{1}{2}$ のとき,

$$a_{n+1}=\frac{1}{(2n+3)(2n+2)}a_n \quad (n=0,1,2,\ldots)$$

であるから,

$$a_n=\frac{1}{(2n+1)!}a_0 \quad (n=0,1,2,\ldots)$$

となる. したがって,

$$y=a_0\sum_{n=0}^{\infty}\frac{1}{(2n+1)!}x^{n+\frac{1}{2}}.$$

$r=0$ のとき, a_n を b_n とおき直して,

$$b_{n+1}=\frac{1}{(2n+2)(2n+1)}b_n \quad (n=0,1,2,\ldots)$$

であるから,

$$b_n=\frac{1}{(2n)!}b_0 \quad (n=0,1,2,\ldots)$$

となる. したがって,

$$y=b_0\sum_{n=0}^{\infty}\frac{1}{(2n)!}x^n.$$

これらの 2 つの解は 1 次独立であるから, 一般解は 2 つの解の 1 次結合で表される：

$$y=a_0\sum_{n=0}^{\infty}\frac{1}{(2n+1)!}x^{n+\frac{1}{2}}+b_0\sum_{n=0}^{\infty}\frac{1}{(2n)!}x^n.$$

なお, この解は $\sinh x$ と $\cosh x$ のマクローリン級数展開を用いて, $y=a_0\sinh\sqrt{x}+b_0\cosh\sqrt{x}$ と表すこともできる. ■

例題 4.2.4

2 階線形微分方程式

$$xy''+y'+xy=0$$

の $x=0$ のまわりのべき級数解を求めよ.

郵　便　は　が　き

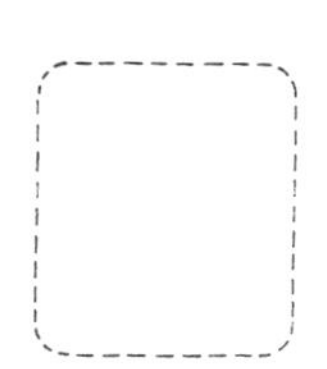

102-8260

東京都千代田区九段南四丁目
3番12号

株式会社　培　風　館　行

御住所　　　　　　　　　郵便番号

ふりがな
御芳名

校名・専攻学部学科

御職業

E-mail

読　者　カ　ー　ド

御購読ありがとうございます。
このカードは出版企画等の資料として活用させていただきます。
なお，読者カードをお送り下さった方で，御希望の方に目録をお送りいたしております。

図書目録　要・不要（どちらかに○印をおつけ下さい）

書名

本書に対する御感想

出版御希望の書（小館へ）

その他

【解答】 与式より

$$y'' + \frac{1}{x}y' + y = 0$$

であるから，

$$p(x) = \frac{1}{x}, \quad q(x) = 1$$

とおく．

$$P(x) = xp(x) = 1, \quad Q(x) = x^2 q(x) = x^2$$

であるから，$x = 0$ は確定特異点である．このとき，$P(0) = 1,\ Q(0) = 0$ であるから，決定方程式は

$$r^2 + (1-1)\,r + 0 = 0,$$

すなわち

$$r^2 = 0$$

であるので, $r = 0$ (重根) である．これは ii) の場合である．まず, $y = \sum_{n=0}^{\infty} a_n x^n$ の形の級数解を仮定すると

$$y' = \sum_{n=0}^{\infty} n a_n x^{n-1} = \sum_{n=0}^{\infty} (n+1) a_{n+1} x^n,$$

$$y'' = \sum_{n=0}^{\infty} n(n-1) a_n x^{n-2} = \sum_{n=0}^{\infty} (n+2)(n+1) a_{n+2} x^n$$

より

$$xy'' = \sum_{n=0}^{\infty} (n+2)(n+1) a_{n+2} x^{n+1} = \sum_{n=1}^{\infty} (n+1) n a_{n+1} x^n,$$

$$xy = \sum_{n=0}^{\infty} a_n x^{n+1} = \sum_{n=1}^{\infty} a_{n-1} x^n$$

であり，これらを $xy'' + y' + xy$ に代入して，

$$\begin{aligned}
&xy'' + y' + xy \\
&= \sum_{n=1}^{\infty} (n+1) n a_{n+1} x^n + \sum_{n=0}^{\infty} (n+1) a_{n+1} x^n + \sum_{n=1}^{\infty} a_{n-1} x^n \\
&= a_1 + \sum_{n=1}^{\infty} \{(n+1)^2 a_{n+1} + a_{n-1}\} x^n.
\end{aligned}$$

したがって，

$$a_1 = 0, \quad a_{n+1} = -\frac{1}{(n+1)^2} a_{n-1} \quad (n = 1, 2, 3, \ldots)$$

を得る．これから，

$$a_{2m+1} = 0 \quad (m = 0, 1, 2, \ldots),$$
$$a_{2m} = \frac{(-1)^m}{2^{2m}(m!)^2} a_0 \quad (m = 0, 1, 2, \ldots)$$

となり，$y = a_0 \sum_{m=0}^{\infty} \frac{(-1)^m}{2^{2m}(m!)^2} x^{2m}$ を得る．

もう一つの解は，$y_1(x) = \sum_{m=0}^{\infty} \frac{(-1)^m}{2^{2m}(m!)^2} x^{2m}$ とおいて，

$$y = b_{-1} y_1(x) \log x + \sum_{n=1}^{\infty} b_n x^n$$

と仮定すると，

$$y' = b_{-1} y_1'(x) \log x + b_{-1} \frac{y_1(x)}{x} + \sum_{n=0}^{\infty} (n+1) b_{n+1} x^n,$$

$$y'' = b_{-1} y_1''(x) \log x + 2b_{-1} \frac{y_1(x)}{x} - b_{-1} \frac{y_1(x)}{x^2} + \sum_{n=0}^{\infty} (n+2)(n+1) b_{n+2} x^n$$

であり，$xy_1''(x) + y_1'(x) + xy_1(x) = 0$ に注意すると，

$$\begin{aligned}
&xy'' + y' + xy \\
&= b_{-1} y_1''(x) x \log x + 2b_{-1} y_1(x) - b_{-1} \frac{y_1(x)}{x} + \sum_{n=1}^{\infty} (n+1) n b_{n+1} x^n \\
&\quad + b_{-1} y_1'(x) \log x + b_{-1} \frac{y_1(x)}{x} + \sum_{n=0}^{\infty} (n+1) b_{n+1} x^n \\
&\quad + b_{-1} y_1(x) x \log x + \sum_{n=2}^{\infty} b_{n-1} x^n \\
&= b_{-1} \{xy_1''(x) + y_1'(x) + xy_1(x)\} \log x + 2b_{-1} y_1(x) \\
&\quad + b_1 + 4b_2 x + \sum_{n=2}^{\infty} \{(n+1)^2 b_{n+1} + b_{n-1}\} x^n \\
&= 2b_{-1} \sum_{m=0}^{\infty} \frac{(-1)^m}{2^{2m}(m!)^2} x^{2m} + b_1 + 4b_2 x + \sum_{n=2}^{\infty} \{(n+1)^2 b_{n+1} + b_{n-1}\} x^n
\end{aligned}$$

となる．この式が恒等的に 0 となることから，x^n の各係数に着目して，

$$2b_{-1} + b_1 = 0, \quad b_2 = 0,$$

$$2b_{-1}\frac{(-1)^m}{2^{2m}(m!)^2}+(2m+1)^2b_{2m+1}+b_{2m-1}=0 \quad (m=1,2,3,\ldots),$$

$$(2m+2)^2b_{2m+2}+b_{2m}=0 \quad (m=1,2,3,\ldots)$$

を得る．これから $b_{2m}=0$ $(m=1,2,3,\ldots)$ がわかり，$b_1=-2b_{-1}$, $b_3=\frac{5}{18}b_{-1}$, $b_5=-\frac{89}{7200}b_{-1}$ などと求めることができる．■

例題 4.2.5

2 階線形微分方程式

$$xy''+2y'-xy=0$$

の $x=0$ のまわりのべき級数解を求めよ．

【解答】 与式より

$$y''+\frac{2}{x}y'-y=0$$

であるから，

$$p(x)=\frac{2}{x}, \quad q(x)=-1$$

とおく．

$$P(x)=xp(x)=2, \quad Q(x)=x^2q(x)=-x^2$$

であるから，$x=0$ は確定特異点である．このとき，$P(0)=2$, $Q(0)=0$ であるから，決定方程式は

$$r^2+(2-1)\,r+0=0,$$

すなわち

$$r(r+1)=0$$

であるので，$r=0$, -1 である．これは iii) の場合である．まず，$y=\sum_{n=0}^{\infty}a_nx^n$ の形の級数解を仮定すると

$$y'=\sum_{n=0}^{\infty}na_nx^{n-1}=\sum_{n=0}^{\infty}(n+1)a_{n+1}x^n,$$

$$y''=\sum_{n=0}^{\infty}n(n-1)a_nx^{n-2}=\sum_{n=0}^{\infty}(n+2)(n+1)a_{n+2}x^n$$

より

$$xy'' = \sum_{n=0}^{\infty}(n+2)(n+1)a_{n+2}x^{n+1} = \sum_{n=1}^{\infty}(n+1)na_{n+1}x^n,$$

$$xy = \sum_{n=0}^{\infty} a_n x^{n+1} = \sum_{n=1}^{\infty} a_{n-1}x^n$$

であり，これらを $xy'' + 2y' - xy$ に代入して，

$$\begin{aligned} &xy'' + 2y' - xy \\ &= \sum_{n=1}^{\infty}(n+1)na_{n+1}x^n + 2\sum_{n=0}^{\infty}(n+1)a_{n+1}x^n - \sum_{n=1}^{\infty}a_{n-1}x^n \\ &= 2a_1 + \sum_{n=1}^{\infty}\{(n+2)(n+1)a_{n+1} - a_{n-1}\}x^n. \end{aligned}$$

したがって，

$$a_1 = 0, \quad a_{n+1} = \frac{1}{(n+2)(n+1)}a_{n-1} \quad (n = 1, 2, 3, \ldots)$$

を得る．これから，

$$a_{2m+1} = 0 \quad (m = 0, 1, 2, \ldots),$$

$$a_{2m} = \frac{1}{(2m+1)!}a_0 \quad (m = 0, 1, 2, \ldots)$$

となり，$y = a_0 \sum_{m=0}^{\infty} \frac{1}{(2m+1)!}x^{2m}$ を得る．

もう一つの解は，$y_1(x) = \sum_{m=0}^{\infty}\frac{1}{(2m+1)!}x^{2m}$ とおいて，

$$y = b_{-1}y_1(x)\log x + \sum_{n=0}^{\infty} b_n x^{n-1} \quad (b_1 = 0)$$

と仮定すると，

$$\begin{aligned} y' &= b_{-1}y_1'(x)\log x + b_{-1}\frac{y_1(x)}{x} + \sum_{n=0}^{\infty}(n-1)b_n x^{n-2} \\ &= b_{-1}y_1'(x)\log x + b_{-1}\frac{y_1(x)}{x} + \sum_{n=-2}^{\infty}(n+1)b_{n+2}x^n, \end{aligned}$$

$$\begin{aligned} y'' &= b_{-1}y_1''(x)\log x + 2b_{-1}\frac{y_1'(x)}{x} - b_{-1}\frac{y_1(x)}{x^2} \\ &\quad + \sum_{n=0}^{\infty}(n-1)(n-2)b_n x^{n-3} \end{aligned}$$

$$= b_{-1}y_1''(x)\log x + 2b_{-1}\frac{y_1'(x)}{x} - b_{-1}\frac{y_1(x)}{x^2}$$

$$+ \sum_{n=-3}^{\infty}(n+2)(n+1)b_{n+3}x^n$$

より

$$xy'' = b_{-1}y_1''(x)x\log x + 2b_{-1}y_1'(x) - b_{-1}\frac{y_1(x)}{x}$$

$$+ \sum_{n=-3}^{\infty}(n+2)(n+1)b_{n+3}x^{n+1}$$

$$= b_{-1}y_1''(x)x\log x + 2b_{-1}y_1'(x) - b_{-1}\frac{y_1(x)}{x} + \sum_{n=-2}^{\infty}(n+1)nb_{n+2}x^n,$$

$$xy = b_{-1}y_1(x)x\log x + \sum_{n=0}^{\infty}b_nx^n$$

であり，$xy_1''(x) + 2y_1'(x) - xy_1(x) = 0$ に注意すると，

$$xy'' + 2y' - xy$$

$$= b_{-1}y_1''(x)x\log x + 2b_{-1}y_1'(x) - b_{-1}\frac{y_1(x)}{x} + \sum_{n=-2}^{\infty}(n+1)nb_{n+2}x^n$$

$$+ 2b_{-1}y_1'(x)\log x + 2b_{-1}\frac{y_1(x)}{x} + \sum_{n=-2}^{\infty}2(n+1)b_{n+2}x^n$$

$$- b_{-1}y_1(x)x\log x - \sum_{n=0}^{\infty}b_nx^n$$

$$= b_{-1}\{xy_1''(x) + 2y_1'(x) - xy_1(x)\}\log x + 2b_{-1}y_1'(x) + b_{-1}\frac{y_1(x)}{x}$$

$$+ \sum_{n=0}^{\infty}\{(n+2)(n+1)b_{n+2} - b_n\}x^n$$

$$= 2b_{-1}y_1'(x) + b_{-1}\frac{y_1(x)}{x} + \sum_{n=0}^{\infty}\{(n+2)(n+1)b_{n+2} - b_n\}x^n$$

$$= 2b_{-1}\sum_{m=0}^{\infty}\frac{2m}{(2m+1)!}x^{2m-1} + b_{-1}\sum_{m=0}^{\infty}\frac{1}{(2m+1)!}x^{2m-1}$$

$$+ \sum_{n=0}^{\infty}\{(n+2)(n+1)b_{n+2} - b_n\}x^n$$

$$= b_{-1}\sum_{m=0}^{\infty}\frac{4m+1}{(2m+1)!}x^{2m-1} + \sum_{n=0}^{\infty}\{(n+2)(n+1)b_{n+2} - b_n\}x^n$$

となる．この式が恒等的に 0 となることから，まず x^{-1} の係数に着目して，$b_{-1}=0$ がわかる．このとき，

$$(n+2)(n+1)b_{n+2}-b_n=0 \quad (n=0,1,2,\ldots)$$

を得る．$b_1=0$ であるから，

$$b_{2m}=\frac{1}{(2m)!}b_0 \quad (m=0,1,2,\ldots),$$

$$b_{2m+1}=0 \quad (m=0,1,2,\ldots)$$

となるので，

$$y=b_0\sum_{m=0}^{\infty}\frac{1}{(2m)!}x^{2m-1}$$

を得る．したがって，一般解は

$$y=a_0\sum_{m=0}^{\infty}\frac{1}{(2m+1)!}x^{2m}+b_0\sum_{m=0}^{\infty}\frac{1}{(2m)!}x^{2m-1}.$$

なお，この解は $\sinh x$ と $\cosh x$ のマクローリン級数展開を用いて，$y=a_0\dfrac{\sinh x}{x}+b_0\dfrac{\cosh x}{x}$ と表すこともできる． ■

4.2 節の問題

4.2.1 次の微分方程式の $x=0$ のまわりのべき級数解を求めよ．

(1) $2y'-3y=0$ (2) $4y''-y=0$ (3) $(x^2+1)y''+xy'-y=0$

(4) $4xy''+2y'+y=0$ (5) $x(1-x)y''+(1-3x)y'-y=0$

(6) $xy''-(1+2x)y'+(1+x)y=0$

5
1 階偏微分方程式

本章では，未知関数が多変数関数で，その 1 階偏微分が関係する方程式の解法について学ぶ．多変数関数としているが，以下，特に断わりがなければ多変数関数として 2 変数関数のみ考える．

5.1 多変数関数の微分

5.1.1 偏 微 分

0.1 節でもふれたが，ここでも簡単に多変数関数の微分，とくに，偏微分の復習をしておく．

$f(x,t)$ を 2 変数関数とする．$z = f(x,t)$ が x に関して**偏微分可能**とは，

$$\lim_{h \to 0} \frac{f(x+h,t) - f(x,t)}{h}$$

が存在するときをいう．これを，

$$\frac{\partial f}{\partial x}(x,t), \quad f_x(x,t), \ \frac{\partial z}{\partial x}$$

などと書く．$\frac{\partial f}{\partial x}(x,t)$ を x に関する**偏導関数**とよび，ふたたび x, t の 2 変数関数とみなせる．同様に，t に関して**偏微分可能**や t に関する**偏導関数**も定義される．このように偏導関数を求めることを**偏微分する**という．

偏微分の計算例を与える．

例 5.1.1 $f(x,t) = 3x^2t^4$ とする．x に関する偏微分は，

$$\frac{\partial f}{\partial x}(x,t) = \lim_{h \to 0} \frac{3(x+h)^2t^4 - 3x^2t^4}{h} = \lim_{h \to 0}(6xt^4 + 3ht^4) = 6xt^4$$

となる．t に関する偏微分は $\frac{\partial f}{\partial t}(x,t) = 12x^2t^3$ となる． □

例 5.1.1 で，x に関する偏微分は，$f(x,t) = 3x^2t^4$ の t を定数と考え，x の 1 変数関数とみなして微分することと同じである．t に関する偏微分も同様である．このことから，1 変数関数に対する微分の性質（積の微分など）は偏微分に対しても同様に成り立つ．

次に，偏微分の図形的な意味を考えたいが，そのまえにまず，1 変数関数に対する微分の図形的な意味を復習しておく．$g(x)$ を微分可能な 1 変数関数とすると，$y = g(x)$ のグラフは曲線を表す．曲線上の点 $(a, g(a))$ に対して，$g'(a)$ は点 $(a, g(a))$ における接線の傾きを意味した．つまり，点 $(a, g(a))$ から x 座標が少し変化したときに，その曲線の y 座標がどれだけ変化するかを表している．

偏微分の場合に同様の意味を考えてみる．まず，2 変数関数 $f(x,t)$ に対して，$z = f(x,t)$ のグラフは曲面を表す．たとえば，図 5.1 は $f(x,t) = 3x^2t^4$ としたときのグラフで，曲面が現れていることがわかる．曲面上の点 $(a, b, f(a,b))$ を考える．平面 $t = b$ で曲面を切ると，切り口に曲線が現れる．この曲線は，$z = f(x,b)$ という関係（t 座標は $t = b$ で固定し，x の 1 変数関数として考える）を満たす．このとき，x に関する偏微分係数 $\frac{\partial f}{\partial x}(a,b)$ は，その切り口に現れる曲線上の点 $(a, b, f(a,b))$ における x 軸方向の接線の傾きを表す．図 5.2 は，図 5.1 の曲面を平面 $t = 1$ で切ったときの切り口に現れる曲線 $z = 3x^2$ である．たとえば，$\frac{\partial f}{\partial x}(0.5, 1)$ は図 5.2 の $x = 0.5$ における接線の傾きである．

同様に t に関する偏微分係数 $\frac{\partial f}{\partial t}(a,b)$ は，平面 $x = a$ で曲面を切ったときの切り口に現れる曲線上の点 $(a, b, f(a,b))$ における t 軸方向の接線の傾きを表し

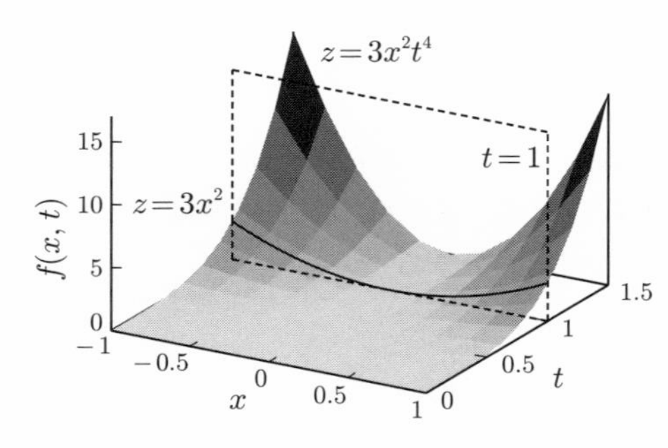

図 5.1 $f(x,t) = 3x^2t^4$ のグラフ（曲面）

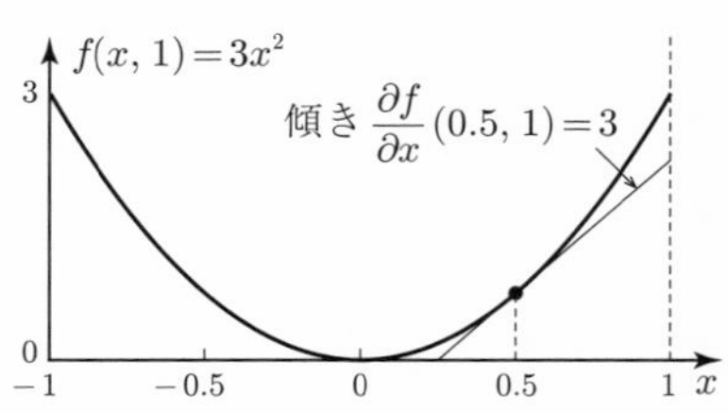

図 5.2 $f(x,1) = 3x^2$ のグラフ（切り口の曲線）

ている．曲面の切り方が異なるため，これら 2 つの切り口に現れる曲線は一般には異なる．

例 5.1.2 $f(x,t) = 3x^2t^4$ とする．曲面 $z = f(x,t) = 3x^2t^4$ 上の点 $(a,b,f(a,b)) = (2,1,12)$ における x に関する偏微分係数を考えてみる．平面 $t=1$ で切ったときの切り口に現れる曲線は $z = 3x^2$ であり，x に関する偏微分は $\frac{\partial f}{\partial x}(x,1) = 6x$ である．ここで，$x=2$ の場合を考えると，$\frac{\partial f}{\partial x}(2,1) = 12$ である．

同様に，t に関する偏微分を考えると，平面 $x=2$ で切ったときの切り口に現れる曲線は $z = 12t^4$ であり，t での偏微分は $\frac{\partial f}{\partial t}(2,t) = 48t^3$ である．ここで，$t=1$ の場合を考えると，$\frac{\partial f}{\partial t}(2,1) = 48$ である．

曲面上の同じ点であっても，$\frac{\partial f}{\partial x}(2,1) \neq \frac{\partial f}{\partial t}(2,1)$ となっている． □

●**注意**：例 5.1.2 では，曲面の切り方が平面 $x=a$ と平面 $t=b$ の 2 パターンだけ考えたが，他にも $x=t$ を満たす平面と平行な平面で切るなど，曲面に対して多様な切り方が存在する．このように x と t に直線関係が成り立つ平面と平行な平面で曲面を切った切り口に現れる曲線（関数）に対する微分を**方向微分**といい，切り口に現れた曲線のその点における接線の傾きを意味する（1 ページの図 0.1，図 5.3）．偏微分は方向微分の特別な場合になる．

曲面上の 1 つの点 $(a,b,f(a,b))$ にさまざまな方向微分が考えられるが，図 5.3 から偏微分や方向微分による接線はすべて同一平面上に存在していることがわかる．その平面は曲面 $z=f(x,t)$ の点 $(a,b,f(a,b))$ における**接平面**になっている．**全微分**の定義は 0.1 節で与えているので詳しくは述べないが，全微分は方向微分を含む概念で，たとえば図 5.3 のように，微分を考えている $(x,t)=(a,b)$ にぐるぐる回りながら近づく場合なども考慮した微分である．このとき，1 ページの図 0.1 のようなグラフを図 5.3 の曲面上で考え，$(x,t) \to (a,b)$ とすると曲面に対して接平面が現れてくる．

例 5.1.1 で，x に関する偏導関数は $\frac{\partial f}{\partial x}(x,t) = 6xt^4$ であり，ふたたび偏微分可能な関数である．このとき，さらに偏導関数を計算することが可能である．一般に，偏微分を n 回繰り返すことで求まる関数を $\boldsymbol{n}$ **階偏導関数**という．ただし，同じ n 階偏導関数でも，どの変数で偏微分したかで結果が異なる．たとえば，2 階偏導関数は次の 4 種類が考えられる．

(1) x に関する 2 階偏導関数 $\dfrac{\partial^2 f}{\partial x^2}(x,t)$.

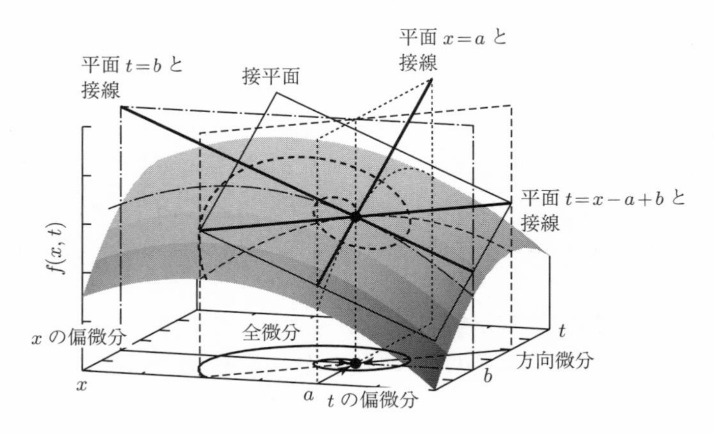

図 5.3　偏微分，方向微分，全微分のイメージ（底面は $(x,t) \to (a,b)$ の各イメージ）

(2) x に関する偏微分をし，t に関して偏微分する 2 階偏導関数 $\dfrac{\partial^2 f}{\partial t \partial x}(x,t)$.

(3) t に関する偏微分をし，x に関して偏微分する 2 階偏導関数 $\dfrac{\partial^2 f}{\partial x \partial t}(x,t)$.

(4) t に関する 2 階偏導関数 $\dfrac{\partial^2 f}{\partial t^2}(x,t)$.

これらの 2 階偏導関数は，上から順にそれぞれ

$$f_{xx}(x,t), \quad f_{xt}(x,t), \quad f_{tx}(x,t), \quad f_{tt}(x,t)$$

とも書く．本書では，2 階偏導関数までが関係する偏微分方程式を学ぶ．また，とくに断わりがない限り何回でも偏微分可能な関数を考える．

例題 5.1.1

関数 $f(x,t) = 3x^2t^4$ に対して，$\frac{\partial^2 f}{\partial x^2}(x,t)$, $\frac{\partial^2 f}{\partial t \partial x}(x,t)$, $\frac{\partial^2 f}{\partial x \partial t}(x,t)$, $\frac{\partial^2 f}{\partial t^2}(x,t)$ をそれぞれ求めよ．

【解答】 それぞれの偏微分 $\frac{\partial f}{\partial x}(x,t)$, $\frac{\partial f}{\partial t}(x,t)$ はすでに例 5.1.1 で計算してあり，その続きで 2 階偏導関数を計算すると，

$$\frac{\partial^2 f}{\partial x^2}(x,t) = 6t^4, \quad \frac{\partial^2 f}{\partial t \partial x}(x,t) = \frac{\partial^2 f}{\partial x \partial t}(x,t) = 24xt^3, \quad \frac{\partial^2 f}{\partial t^2}(x,t) = 36x^2t^2$$

となる． ■

例題 5.1.1 では,

$$\frac{\partial^2 f}{\partial t \partial x}(x,t) = \frac{\partial^2 f}{\partial x \partial t}(x,t)$$

となっている．この関係は常に成り立つ関係ではないが，本書では主に何回でも偏微分可能な関数を考えているので，常に成り立つ性質としてよい．

例題 5.1.2

関数

$$f(x,t) = \begin{cases} 0 & ((x,t) = (0,0) \text{ のとき}), \\ xt\dfrac{x^2 - t^2}{x^2 + t^2} & ((x,t) \neq (0,0) \text{ のとき}) \end{cases}$$

に対して，$\frac{\partial^2 f}{\partial t \partial x}(0,0)$，$\frac{\partial^2 f}{\partial x \partial t}(0,0)$ をそれぞれ求めよ．

【解答】 $\frac{\partial^2 f}{\partial t \partial x}(0,0) = -1$，$\frac{\partial^2 f}{\partial x \partial t}(0,0) = 1$ となる．$\frac{\partial^2 f}{\partial t \partial x}(x,t) = \frac{\partial^2 f}{\partial x \partial t}(x,t)$ が成り立たないことがわかる． ■

5.1.2 合成関数の微分

次に，多変数関数に対する 2 種類の合成関数の微分の復習をする．一つは多変数関数の変数が 1 つのパラメータ（媒介変数）で表される場合，もう一つは，多変数関数の変数が複数のパラメータで表される場合である．ここで扱う合成関数の微分は，後に学ぶ 1 階偏微分方程式を解くうえで重要な道具となる．

$g(x)$，$h(x)$ をそれぞれ微分可能な 1 変数関数として，合成関数 $g(h(w))$ の微分は

$$\frac{dg}{dw}(h(w)) = \frac{dg}{dx}(h(w))\frac{dh}{dw}(w) = g'(h(w))h'(w)$$

であった．

では，2 変数関数 $f(x,t)$ の変数 x, t が 1 つのパラメータ w で表される場合の合成関数の微分から考えていく．$g(w)$，$h(w)$ を微分可能な関数とする．$x = g(w)$, $t = h(w)$ とした合成関数 $f(g(w), h(w))$ は，w の 1 変数関数となる．

合成関数の微分 1

合成関数 $f(g(w), h(w))$ の w に関する微分は，

$$\frac{df}{dw}(g(w),h(w)) = \frac{\partial f}{\partial x}(g(w),h(w))\frac{dg}{dw}(w) + \frac{\partial f}{\partial t}(g(w),h(w))\frac{dh}{dw}(w).$$

ここで左辺は w の 1 変数関数であるため，偏微分 ∂ ではなく 1 変数の通常の微分を意味する d を使っている．

例題 5.1.3

$f(x,t) = 3x^2t^4$，$g(w) = \sin 3w$，$h(w) = e^{2w}$ とする．合成関数 $f(g(w),h(w))$ の微分を，合成関数の微分 1 を用いて計算せよ．

【解答】 $f(x,t)$ の偏微分は例 5.1.1 で計算している．また，

$$\frac{dg}{dw}(w) = 3\cos 3w, \quad \frac{dh}{dw}(w) = 2e^{2w}$$

である．$f(g(w),h(w))$ に合成関数の微分 1 を用いると，

$$\begin{aligned}\frac{df}{dw}(g(w),h(w)) &= 6\sin 3w \cdot (e^{2w})^4 \cdot 3\cos 3w + 12\sin^2 3w \cdot (e^{2w})^3 \cdot 2e^{2w} \\ &= 6\sin 3w \cdot e^{8w}\,(3\cos 3w + 4\sin 3w)\end{aligned}$$

となる．これは，$f(g(w),h(w)) = 3\sin^2 3w \cdot e^{8w}$ に対して積の微分をしたものと同じである．■

次に，2 変数関数 $f(x,t)$ の変数 x，t が 2 つのパラメータ v，w で表される場合の合成関数の微分を考えていく．$g(v,w)$，$h(v,w)$ を偏微分可能な 2 変数関数とし，$x = g(v,w)$, $t = h(v,w)$ と表されるとき，合成関数 $f(g(v,w),h(v,w))$ は v，w の 2 変数関数となる．

合成関数の微分 2

合成関数 $f(g(v,w),h(v,w))$ の v に関する偏微分は，

$$\begin{aligned}&\frac{\partial f}{\partial v}(g(v,w),h(v,w)) \\ &= \frac{\partial f}{\partial x}(g(v,w),h(v,w))\frac{\partial g}{\partial v}(v,w) + \frac{\partial f}{\partial t}(g(v,w),h(v,w))\frac{\partial h}{\partial v}(v,w).\end{aligned}$$

ここでは，左辺は v，w の 2 変数関数であるため，偏微分を意味する ∂ を使っている．また，合成関数 $f(g(v,w),h(v,w))$ の w に関する偏微分 $\frac{\partial f}{\partial w}(g(v,w),h(v,w))$ も同様に得られる．

例題 5.1.4

$f(x,t)=3x^2t^4$, $g(v,w)=\sin 3vw^2$, $h(v,w)=e^{2vw}$ とする．合成関数 $f(g(v,w),h(v,w))$ の v に関する偏微分を，合成関数の微分 2 を用いて計算せよ．

【解答】 $f(x,t)$ の偏微分は例 5.1.1 で計算してある．また，

$$\frac{\partial g}{\partial v}(v,w)=3w^2\cos 3vw^2,\quad \frac{\partial h}{\partial v}(v,w)=2we^{2vw}$$

である．$f(g(v,w),h(v,w))$ に合成関数の微分 2 を用いると，v に関する偏微分は，

$$\begin{aligned}&\frac{\partial f}{\partial v}(g(v,w),h(v,w))\\&=6\sin 3vw^2\cdot(e^{2vw})^4\cdot 3w^2\cos 3vw^2+12\sin^2 3vw^2\cdot(e^{2vw})^3\cdot 2we^{2vw}\\&=6\sin 3vw^2\cdot e^{8vw}\left(3w^2\cos 3vw^2+4\sin 3vw^2\right)\end{aligned}$$

となる．これは，$f(g(v,w),h(v,w))=3\sin^2 3vw^2\cdot e^{8vw}$ を v に関して偏微分したものと同じである．■

5.1 節の問題

5.1.1 $f(x,t)=e^{2x}\sin 3t$ とする．次の各偏微分を求めよ．

(1) $\dfrac{\partial f}{\partial x}(x,t)$　(2) $\dfrac{\partial f}{\partial t}(x,t)$　(3) $\dfrac{\partial^2 f}{\partial x^2}(x,t)$　(4) $\dfrac{\partial^2 f}{\partial t^2}(x,t)$　(5) $\dfrac{\partial^2 f}{\partial t\partial x}(x,t)$

5.1.2 $f(x,t)=x^3\cos 5t$, $g(w)=e^{2w}$, $h(w)=3w^2$ とする．このとき，$\dfrac{df}{dw}(g(w),h(w))$ を合成関数の微分 1 を用いて計算せよ．

5.1.3 $f(x,t)=\dfrac{1}{t}(\log x)^2$, $g(v,w)=e^{2v}w^4+1$, $h(v,w)=v^2w^4+2$ とする．このとき，次の各問に答えよ．

(1) $f(g(v,w),h(v,w))$ の v に関する偏微分を合成関数の微分 2 を用いて計算せよ．

(2) $f(g(v,w),h(v,w))$ の w に関する偏微分を合成関数の微分 2 を用いて計算せよ．

5.2 1階偏微分方程式の基本事項

5.2.1 簡単な1階偏微分方程式 (I)

まずは，簡単な1階偏微分方程式を考えてみる．

例 5.2.1 $u(x,t)$ を未知関数として，次の方程式を考える：

$$\frac{\partial u}{\partial x}(x,t) = 3. \tag{5.1}$$

これは偏微分が関係する方程式なので，偏微分方程式の一つである．この方程式は，x に関して1回偏微分したら3になる2変数関数 $u(x,t)$ は何かが問われている．$\frac{\partial u}{\partial x}(x,t)$ の t は定数ととらえ，x の1変数関数として (5.1) の両辺を x に関して積分すると，

$$u(x,t) = 3x + C(t) \tag{5.2}$$

を得る．ここで，$C(t)$ は t に依存した定数，つまり，$C(t)$ は t に関する任意の関数である．実際，(5.2) を x に関して偏微分すれば方程式 (5.1) を満たすことを確認できる．よって，(5.2) は方程式 (5.1) の「解」と考えられる．ここで，(5.2) に現れる関数 $C(t)$ を**任意関数**とよぶ． □

例 5.2.1 の「解」は，任意関数 $C(t)$ を含んだ解になっている．しかし，方程式 (5.1) に条件を加えると，任意関数を具体的に定めた「解」となる．

例 5.2.2 次の問題を考える：

$$\begin{aligned} &\text{方程式：} \quad \frac{\partial u}{\partial x}(x,t) = 3, \\ &\text{条　件：} \quad u(0,t) = t^2. \end{aligned} \tag{5.3}$$

この問題は，$\frac{\partial u}{\partial x}(x,t) = 3$ を満たす2変数関数で，$x = 0$ のときに t^2 となっている関数 $u(x,t)$ は何かが問われている．例 5.2.1 から，$\frac{\partial u}{\partial x}(x,t) = 3$ を満たす関数は $u(x,t) = 3x + C(t)$ であった．ここから，$u(0,t) = t^2$ を満たす関数を考える．$u(x,t) = 3x + C(t)$ に $x = 0$ を代入すると，

$$u(0,t) = 3 \cdot 0 + C(t) = C(t)$$

であり，これが t^2 となるには $C(t) = t^2$ でなくてはならない．よって，問題 (5.3) の「解」は，

$$u(x,t) = 3x + t^2$$

となる．これが問題 (5.3) を満たしていることは簡単に確認できる．また，任意関数を含んでいないことも確認できる．□

本項で扱った例が，偏微分方程式の非常に簡単な場合になる．しかし，このような場合でも，解に任意関数を含む「解」があったり，条件が加わることで任意関数が具体的に定まった「解」になるなど，解にもいくつかの種類があることがわかる．次項では，解の種類などを紹介していく．

5.2.2　1階偏微分方程式と解の分類

本項では，1階偏微分方程式とは何か，その解にはどのような種類があるかを紹介する．

$u(x,t)$ を2変数の未知関数とする．与えられた方程式のなかに，$u(x,t)$ に関して，$u(x,t)$, $\frac{\partial u}{\partial x}(x,t)$, $\frac{\partial u}{\partial t}(x,t)$ のみが現れ，少なくとも $\frac{\partial u}{\partial x}(x,t)$, $\frac{\partial u}{\partial t}(x,t)$ の一方が現れる方程式を**1階偏微分方程式**という．とくに，1階偏微分方程式で $u(x,t)$, $\frac{\partial u}{\partial x}(x,t)$, $\frac{\partial u}{\partial t}(x,t)$ が1次式の形になっているとき，つまり，

$$f(x,t)\frac{\partial u}{\partial x}(x,t) + g(x,t)\frac{\partial u}{\partial t}(x,t) = h(x,t)u(x,t) + \ell(x,t) \qquad (5.4)$$

という形の1階偏微分方程式を，**1階線形偏微分方程式**という．ただし，$f(x,t)$, $g(x,t)$, $h(x,t)$, $\ell(x,t)$ を既知の2変数関数とする．1次式の形になっていないとき，**1階非線形偏微分方程式**という．

例 5.2.3　(1)　1階偏微分方程式

$$x\frac{\partial u}{\partial x}(x,t) + t\frac{\partial u}{\partial t}(x,t) = u(x,t) + x^2 - t^2$$

は，$f(x,t) = x$, $g(x,t) = t$, $h(x,t) = 1$, $\ell(x,t) = x^2 - t^2$ と考えると方程式 (5.4) の形になっているため，1階線形偏微分方程式である．

(2)　1階偏微分方程式

$$\left(\frac{\partial u}{\partial x}(x,t)\right)^2 + \frac{\partial u}{\partial t}(x,t) = x^2$$

は，$\frac{\partial u}{\partial x}(x,t)$ の2乗があるので方程式 (5.4) の形になっていない．したがって，1階非線形偏微分方程式である．□

次に，1階偏微分方程式の解の分類を紹介する．前項でみたとおり，「解」にもいくつか種類があった．

$u(x,t)$ をある1階偏微分方程式を満たす関数とする．$u(x,t)$ が変数の数と同じだけ任意定数を含むとき**完全解**という．$u(x,t)$ が任意関数を含むとき**一般解**という．一般解の任意関数が具体的に定まっているとき**特殊解**（または，**特解**）という．$u(x,t)$ が任意関数を含まず，また完全解からも導かれないとき**特異解**という．

5.2.3 簡単な1階偏微分方程式 (II)

ここでは，5.2.1項で考えた1階偏微分方程式 (5.1) の右辺が x，t の関数となっている1階偏微分方程式を考える．

例 5.2.4 $u(x,t)$ を未知関数として，次の方程式を考える：

$$\frac{\partial u}{\partial x}(x,t) = 6xt. \tag{5.5}$$

t を定数と考え，(5.5) の両辺を x に関して積分すると，

$$u(x,t) = \int \frac{\partial u}{\partial x}(x,t)\,dx = \int 6xt\,dx = 3x^2t + C(t)$$

となる．ただし，$C(t)$ は t のみを変数としてもつ任意関数である．これは，任意関数を含むので一般解である．

次に，条件が追加された問題を考える：

$$\begin{aligned} &\text{方程式：} \quad \frac{\partial u}{\partial x}(x,t) = 6xt, \\ &\text{条　件：} \quad u(0,t) = t^2. \end{aligned} \tag{5.6}$$

$\frac{\partial u}{\partial x}(x,t) = 6xt$ を満たす関数は $u(x,t) = 3x^2t + C(t)$ であった．ここから，$u(0,t) = t^2$ を満たす関数を考える．$u(x,t) = 3x^2t + C(t)$ に $x = 0$ を代入すると，

$$u(0,t) = 3 \cdot 0^2 \cdot t + C(t) = C(t)$$

であり，これが t^2 でなければならないので $C(t) = t^2$ となる．よって，$u(x,t) = 3x^2t + t^2$ が条件を満たす解となる．この解は，任意関数が具体的に定まった解なので特殊解である． □

例題 5.2.1

(1) $\dfrac{\partial u}{\partial x}(x,t) = 2x$ の一般解を求めよ．

(2) $\dfrac{\partial u}{\partial x}(x,t) = 2x$ の解で $u(0,t) = e^t$ を満たす解を求めよ．

【解答】 (1)　t を定数と考えて両辺を積分すると，

$$u(x,t) = \int \frac{\partial u}{\partial x}(x,t)\,dx = \int 2x\,dx = x^2 + C(t)$$

が一般解となる．ただし，$C(t)$ は任意関数である．

(2)　$u(0,t) = 0^2 + C(t) = C(t)$ が e^t ならよいので，$C(t) = e^t$ とした $u(x,t) = x^2 + e^t$ が特殊解となる．■

次に，1 階線形偏微分方程式の簡単な場合を考える．

例 5.2.5　次の偏微分方程式を考える：

$$3\frac{\partial u}{\partial x}(x,t) + \frac{\partial u}{\partial t}(x,t) = 0. \tag{5.7}$$

この方程式の応用としての意味をまず考えてみる．

空気中の有害物質が 3 km/時間（常に一定）という風に流され，平行移動で運ばれているとする．図 5.4 は，地点（横軸）と有害物質の移動を表したイメージ図である．時刻 t に，地点 x での有害物質の量が $u(x,t)$ であったとする．時刻 t から Δt だけ時間が進んだ時刻 $t+\Delta t$ の地点 $x+3\Delta t$ を考える．このとき，有害物質の平行移動より $u(x+3\Delta t, t+\Delta t) = u(x,t)$ が成り立つ．これを，$\Delta x = 3\Delta t$ として式変形すると，

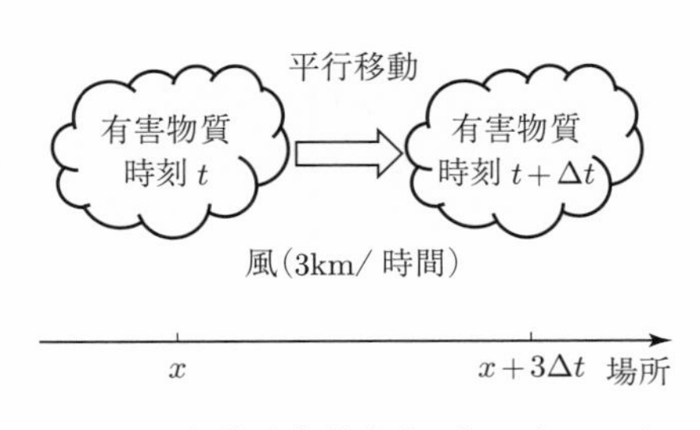

図 5.4　偏微分方程式 (5.7) のイメージ

$$3\frac{u(x+\Delta x, t) - u(x,t)}{\Delta x} + \frac{u(x+\Delta x, t+\Delta t) - u(x+\Delta x, t)}{\Delta t} = 0$$

となる．ここで，$\Delta t \to 0$（$\Delta x \to 0$ も成立）とすると，方程式 (5.7) を得る．

したがって，方程式 (5.7) は，ある物質が時間とともに一定の速さで運ばれていく（平行移動する）様子を表す方程式となっている．

次に，方程式 (5.7) を解くことを考える．たとえば，$g(v,w) = 3w - v$, $h(v,w) = w$ とし，$x = g(v,w)$, $t = h(v,w)$ とする．5.1.2 項の合成関数の微分 2 より，

$$\begin{aligned}&\frac{\partial u}{\partial w}(g(v,w),h(v,w))\\&= \frac{\partial u}{\partial x}(g(v,w),h(v,w))\frac{\partial g}{\partial w}(v,w) + \frac{\partial u}{\partial t}(g(v,w),h(v,w))\frac{\partial h}{\partial w}(v,w)\end{aligned} \tag{5.8}$$

となる．ここで，

$$\frac{\partial g}{\partial w}(v,w) = 3, \quad \frac{\partial h}{\partial w}(v,w) = 1$$

であるから，

$$\frac{\partial u}{\partial w}(g(v,w),h(v,w)) = 0 \tag{5.9}$$

であれば，(5.8) は方程式 (5.7) とまったく同じになる．$\varphi(v)$ を任意の微分可能な関数とし，(5.9) の両辺を w で積分することで，

$$u(g(v,w),h(v,w)) = \varphi(v)$$

を得る．いま，$v = 3t - x$ となるから，$u(x,t) = \varphi(3t - x)$ が方程式 (5.7) の解となる．ここで，この解は任意の微分可能な関数を含んだ解であるため，一般解になる．

次に，方程式 (5.7) に初期条件 $u(x,0) = \sin x + 2$ が加えられた問題を考える．このとき，方程式 (5.7) を満たす一般解は，$u(x,t) = \varphi(3t-x)$ であるから，このなかで初期条件を満たす解を探せばよい．つまり，$u(x,0) = \varphi(3\cdot 0 - x) = \sin x + 2$ であればよいので，$\varphi(x) = \sin(-x) + 2$ となる．よって，

$$u(x,t) = \sin(x - 3t) + 2 \tag{5.10}$$

が条件を満たす解となる．

最後に，求まった解 (5.10) の性質を考えてみる．時刻 $t = 0$ における各地点 x の有害物質の量は，

$$u(x,0) = \sin(x - 3\cdot 0) + 2 = \sin x + 2$$

となる．次に，時刻 $t = 1$ を考えてみる．問題の意味から，時刻 0 に $x = 0$ にあった有害物質は $3\cdot\Delta t = 3\cdot 1 = 3$ だけ進み $x = 0 + 3 = 3$ にあるべきであ

る．同様に，時刻 0 に $x=1$ にあった有害物質は同じく $3\cdot\Delta t=3$ だけ進み $x=1+3=4$ にあるべきである．他の地点も同様である．実際，得られた解をみてみると，時刻 $t=1$ における各地点 x の有害物質の量は，

$$u(x,1)=\sin(x-3\cdot 1)+2=\sin(x-3)+2$$

となる．これは，

$$u(x,1)=u(x-3,0) \tag{5.11}$$

となっている．つまり $t=1$ に x にある有害物質の量（(5.11) の左辺）は，$t=0$ では x より 3 だけ手前の $x-3$ にあること（(5.11) の右辺）がわかる．つまり，地点 3 ずつ平行移動している．他の時刻との関係も同様である．したがって，得られた解は例 5.2.5 の最初に説明した応用に妥当な解になっていることがわかる．□

5.2 節の問題

5.2.1 次の各問に答えよ．

(1) $\dfrac{\partial u}{\partial t}(x,t)=5$ の一般解を求めよ．

(2) (1) の解で $u(x,0)=e^{2x}+1$ を満たす解を求めよ．

5.2.2 次の各問に答えよ．

(1) $\dfrac{\partial u}{\partial x}(x,t)=4e^{2x}t$ の一般解を求めよ．

(2) (1) の解で $u(1,t)=t^2+2e^2t$ を満たす解を求めよ．

5.2.3 次の各問に答えよ．

(1) $5\dfrac{\partial u}{\partial x}(x,t)+2\dfrac{\partial u}{\partial t}(x,t)=0$ の一般解を求めよ．

(2) (1) の解で $u(x,0)=\cos 2x+1$ を満たす解を求めよ．

5.3 ラグランジュの偏微分方程式

5.3.1 ラグランジュの偏微分方程式とは

ここでは，ラグランジュの偏微分方程式とよばれる1階偏微分方程式について述べる．

ラグランジュの偏微分方程式

次の1階偏微分方程式を**ラグランジュの偏微分方程式**という：

$$P\frac{\partial u}{\partial x}(x,t)+Q\frac{\partial u}{\partial t}(x,t)=R. \tag{5.12}$$

ただし，P, Q, R は x, t, $u(x,t)$ にのみ依存する関数であり，$\frac{\partial u}{\partial x}(x,t)$, $\frac{\partial u}{\partial t}(x,t)$ には依存していない．

例 5.3.1　(1) 1階偏微分方程式

$$2\frac{\partial u}{\partial x}(x,t)+3\frac{\partial u}{\partial t}(x,t)=4u(x,t)$$

は $P=2$, $Q=3$, $R=4u(x,t)$ となっていて，$u(x,t)$ にしか依存しないので，ラグランジュの偏微分方程式である．

(2) 1階偏微分方程式

$$x^2tu(x,t)\frac{\partial u}{\partial x}(x,t)+xu(t,x)^3\frac{\partial u}{\partial t}(x,t)=x+5t+u(x,t)^2$$

は $P=x^2tu(x,t)$, $Q=xu(t,x)^3$, $R=x+5t+u(x,t)^2$ となっていて，x, t, $u(x,t)$ にしか依存しないので，ラグランジュの偏微分方程式である．

(3) 1階偏微分方程式

$$x\frac{\partial u}{\partial t}(x,t)\frac{\partial u}{\partial x}(x,t)+xt\frac{\partial u}{\partial t}(x,t)=u(x,t)^2$$

は $P=x\frac{\partial u}{\partial t}(x,t)$ となっていて $\frac{\partial u}{\partial t}(x,t)$ に依存しているので，ラグランジュの偏微分方程式ではない．　□

●**注意**：方程式 (5.12) では P, Q, R の変数を書かなかったが，きちんと書くとラグランジュの偏微分方程式は次のようになる：

$$P(x,t,u(x,t))\frac{\partial u}{\partial x}(x,t)+Q(x,t,u(x,t))\frac{\partial u}{\partial t}(x,t)=R(x,t,u(x,t)). \tag{5.13}$$

ただし，$P(x,t,u)$，$Q(x,t,u)$，$R(x,t,u)$ はそれぞれ x，t，u の 3 変数関数であり，$P(x,t,u(x,t))$ は変数 u に $u(x,t)$ を代入したという意味である（Q，R も同様）.

5.3.2 ラグランジュの偏微分方程式の解法

本項では，ラグランジュの偏微分方程式の解法について述べる.

解法の方針としては，x，t が 1 つのパラメータ w で表される場合，つまり $x = x(w)$，$t = t(w)$ となっているときの合成関数 $u(x(w),t(w))$ の微分（5.1.2 項の合成関数の微分 1）

$$\frac{du}{dw}(x(w),t(w)) = \frac{\partial u}{\partial x}(x(w),t(w))\frac{dx}{dw}(w)+\frac{\partial u}{\partial t}(x(w),t(w))\frac{dt}{dw}(w) \quad (5.14)$$

との式の類似性を用いる．ラグランジュの偏微分方程式 (5.13) と見比べると，

$$\frac{dx}{dw}(w) = cP(x(w),t(w),u(x(w),t(w))), \quad (5.15)$$

$$\frac{dt}{dw}(w) = cQ(x(w),t(w),u(x(w),t(w))), \quad (5.16)$$

$$\frac{du}{dw}(x(w),t(w)) = cR(x(w),t(w),u(x(w),t(w))) \quad (5.17)$$

となっていれば同じであることがわかる．ただし，c は定数とする．この連立 1 階常微分方程式 (5.15)〜(5.17) を**特性方程式**という.

●**注意**：特性方程式を，$\dfrac{dx}{P} = \dfrac{dt}{Q} = \dfrac{du}{R} = c\,dw$ と表したりもする.

例題 5.3.1

ラグランジュの偏微分方程式

$$3\frac{\partial u}{\partial x}(x,t) + 2\frac{\partial u}{\partial t}(x,t) = u(x,t) \quad (5.18)$$

の特性方程式を書け.

【解答】 c を定数として，特性方程式は

$$\frac{dx}{dw}(w) = 3c, \quad \frac{dt}{dw}(w) = 2c, \quad \frac{du}{dw}(x(w),t(w)) = cu(x,t) \quad (5.19)$$

となる. ■

特性方程式を得たあとは，そこから2つの関係式を考える．例題5.3.1では方程式(5.18)に対して，特性方程式は(5.19)であった．このとき，たとえば次のような2つの関係式を得る：

$$\frac{\frac{dx}{dw}(w)}{\frac{dt}{dw}(w)}=\frac{3c}{2c} \iff \frac{dx}{dt}=\frac{3}{2}, \tag{5.20}$$

$$\frac{\frac{du}{dw}(x(w),t(w))}{\frac{dt}{dw}(w)}=\frac{cu(x,t)}{2c} \iff \frac{du}{dt}=\frac{1}{2}u(x,t). \tag{5.21}$$

これらの常微分方程式をそれぞれ解くと，

$$x=\frac{3}{2}t+C, \quad u(x,t)=De^{\frac{1}{2}t}$$

となる．ただし，C, D は任意定数とする．

2つの任意定数 C, D に，$D=\varphi(C)$ という関係があるとする．ただし，$\varphi(x)$ は任意の微分可能な関数とする．このとき，$u(x,t)$ は

$$u(x,t)=\varphi(C)e^{\frac{1}{2}t}=\varphi\left(x-\frac{3}{2}t\right)e^{\frac{1}{2}t}$$

となる．これは任意の微分可能な関数 $\varphi(x)$ を含む解なので，ラグランジュの偏微分方程式(5.18)の一般解である．

●**注意**：2つの関係式は(5.20), (5.21)以外も考えられる．たとえば，

$$\frac{\frac{du}{dw}(x(w),t(w))}{\frac{dx}{dw}(w)}=\frac{cu(x,t)}{3c} \iff \frac{du}{dx}=\frac{1}{3}u(x,t)$$

も考えられる．常微分方程式が解きやすいものを選ぶとよい．

例題 5.3.2

ラグランジュの偏微分方程式

$$\frac{\partial u}{\partial x}(x,t)+2t\frac{\partial u}{\partial t}(x,t)=3u(x,t) \tag{5.22}$$

の一般解を求めよ．また，$u(0,t)=t^2$ となる解も求めよ．

【解答】 c を定数として，特性方程式は

$$\frac{dx}{dw}(w)=c, \quad \frac{dt}{dw}(w)=2ct, \quad \frac{du}{dw}(x(w),t(w))=3cu$$

となる．ここから，2つの関係式

$$\frac{dt}{dx} = 2t, \quad \frac{du}{dx} = 3u(x,t)$$

を得る．これらの常微分方程式を解くと，

$$t = Ce^{2x}, \quad u(x,t) = De^{3x}$$

となる．ただし，C, D は任意定数とする．ここで，$\varphi(x)$ を任意の微分可能な関数として，$D = \varphi(C)$ という関係があるとすると，方程式 (5.22) の一般解

$$u(x,t) = De^{3x} = \varphi\left(te^{-2x}\right)e^{3x}$$

を得る．

次に，$u(0,t) = \varphi(t)$ であり，これが t^2 でないといけないから $\varphi(t) = t^2$ である．よって，$u(0,t) = t^2$ を満たす解は，

$$u(x,t) = (te^{-2x})^2 e^{3x} = t^2 e^{-x}$$

である． ■

5.3.3 一般の 1 階偏微分方程式

最後に，一般の場合の 1 階偏微分方程式について簡単にふれておく．

$F(x,t,u,p,q)$ を 5 変数関数とする．一般に 1 階偏微分方程式は，

$$F\left(x, t, u(x,t), \frac{\partial u}{\partial x}(x,t), \frac{\partial u}{\partial t}(x,t)\right) = 0 \tag{5.23}$$

と書ける．ここまでで学んだ 1 階偏微分方程式も，(5.23) の形で書ける．

例 5.3.2 (1) 1 階線形偏微分方程式 (5.4) の場合，

$$F(x,t,u,p,q) = f(x,t)p + g(x,t)q - h(x,t)u - \ell(x,t)$$

とすると，

$$(5.4) \iff F\left(x, t, u(x,t), \frac{\partial u}{\partial x}(x,t), \frac{\partial u}{\partial t}(x,t)\right) = 0$$

である．

(2) ラグランジュの偏微分方程式 (5.13) の場合，

$$F(x,t,u,p,q) = P(x,t,u)p + Q(x,t,u)q - R(x,t,u)$$

とすると，

$$(5.13) \iff F\left(x, t, u(x,t), \frac{\partial u}{\partial x}(x,t), \frac{\partial u}{\partial t}(x,t)\right) = 0$$

である．

(3) 1階偏微分方程式

$$x\frac{\partial u}{\partial t}(x,t)\frac{\partial u}{\partial x}(x,t) + xt\frac{\partial u}{\partial t}(x,t) = u(x,t)^2 \tag{5.24}$$

を考える．このとき，$F(x,t,u,p,q) = xqp + xtq - u^2$ とすると，

$$(5.24) \iff F\left(x, t, u(x,t), \frac{\partial u}{\partial x}(x,t), \frac{\partial u}{\partial t}(x,t)\right) = 0$$

である． □

詳細はふれないが，一般の1階偏微分方程式 (5.23) に対しても，その解法（**シャルピーの解法**）が知られている．そこでは，適当な条件下で（5変数の）特性方程式が

$$\frac{dx}{\frac{\partial F}{\partial p}} = \frac{dt}{\frac{\partial F}{\partial q}} = \frac{du}{p\frac{\partial F}{\partial p} + q\frac{\partial F}{\partial q}} = -\frac{dp}{\frac{\partial F}{\partial x} + p\frac{\partial F}{\partial u}} = -\frac{dq}{\frac{\partial F}{\partial t} + q\frac{\partial F}{\partial u}}$$

となる．ここから導かれるいくつかの関係式を利用して解く方法である．

5.3 節の問題

5.3.1 次の各偏微分方程式がラグランジュの偏微分方程式かどうか答えよ．

(1) $3\frac{\partial u}{\partial x}(x,t) + 5x\frac{\partial u}{\partial t}(x,t) = tu(x,t)$

(2) $3(x+1)\frac{\partial u}{\partial x}(x,t) + 5x\frac{\partial u}{\partial t}(x,t) = tu(x,t)$

(3) $3\frac{\partial u}{\partial x}(x,t) + 5x\frac{\partial u}{\partial x}(x,t)\frac{\partial u}{\partial t}(x,t) = tu(x,t)$

(4) $3\frac{\partial u}{\partial x}(x,t) + 5x\frac{\partial u}{\partial t}(x,t) = tu(x,t) + 2x$

(5) $3\frac{\partial u}{\partial x}(x,t) + 5x\frac{\partial u}{\partial t}(x,t) = tu(x,t) + 2\frac{\partial u}{\partial t}(x,t)$

5.3.2 次の各問に答えよ．

(1) $3x\frac{\partial u}{\partial x}(x,t) + 2\frac{\partial u}{\partial t}(x,t) = 5u(x,t)$, $u(x,0) = \cos x$ の解を求めよ．

(2) $x^2\frac{\partial u}{\partial x}(x,t) - \frac{\partial u}{\partial t}(x,t) = u(x,t)^2$, $u(x,0) = e^{-x}$ の解を求めよ．

(3) $x\frac{\partial u}{\partial x}(x,t) - t^2\frac{\partial u}{\partial t}(x,t) = u(x,t)$, $u(1,t) = t^2$ の解を求めよ．

6
2 階線形偏微分方程式

本章では，2 階線形偏微分方程式の例，分類，性質，解法などについて述べる．解法は，フーリエ正弦級数展開を用いた変数分離法とフーリエ変換を用いた方法を述べる．

6.1　2 階線形偏微分方程式の基本事項

6.1.1　2 階線形偏微分方程式の例

2 階偏微分方程式は，2 階偏微分までが関係する方程式である．まずは，2 階（線形）偏微分方程式の代表的な例を与える．

例 6.1.1　(1)　$u(x,t)$ を未知関数とする．次の 2 階偏微分方程式を 1 次元**熱方程式**または**拡散方程式**という：

$$\frac{\partial u}{\partial t}(x,t) = a^2 \frac{\partial^2 u}{\partial x^2}(x,t). \tag{6.1}$$

ただし，a は正の定数である．熱方程式 (6.1) の関係は，針金上で時間とともに温度がどのように変化するかを表している（図 6.1）．この方程式の解 $u(x,t)$ は，時刻 t に場所 x での温度を表している．

●**注意**：図 6.1 では，温度を視覚的にとらえやすくするため，温度の軸として縦軸を用意し，温度の分布を曲線などで表している．当然ではあるが，現実で視覚的には温度の分布曲線は見ることができず，視覚的に見えるのは針金（横軸）だけで，その温度を何かしらの機器で計測している状況である．一方，次の (2) の波動方程式は，実際の弦の振動などであるので，曲線を視覚的に見ることが可能である．

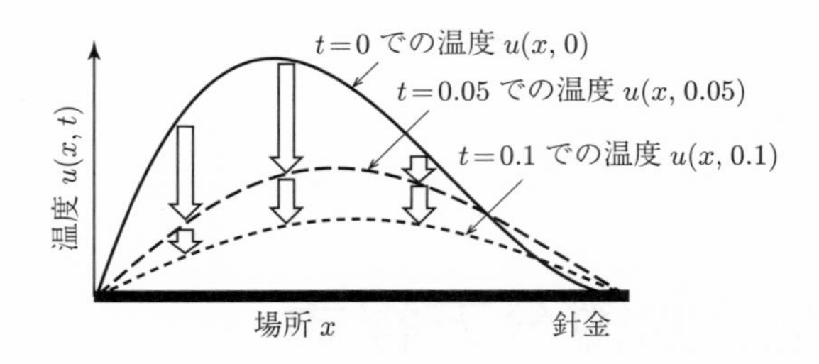

図 6.1 有限長の針金における温度の変化（両端の温度は 0 で固定）

(2) $u(x,t)$ を未知関数とする．次の 2 階偏微分方程式を**波動方程式**という：

$$\frac{\partial^2 u}{\partial t^2}(x,t) = a^2 \frac{\partial^2 u}{\partial x^2}(x,t). \tag{6.2}$$

ただし，a は正の定数である．波動方程式 (6.2) の関係は，奥行きのない 1 次元の水面で時間とともに波の高さがどのように変化するかや，ピンと張られた弦の振動の大きさを表している（図 6.2）．この方程式の解 $u(x,t)$ は，時刻 t に場所 x での波の高さや振幅を表している．

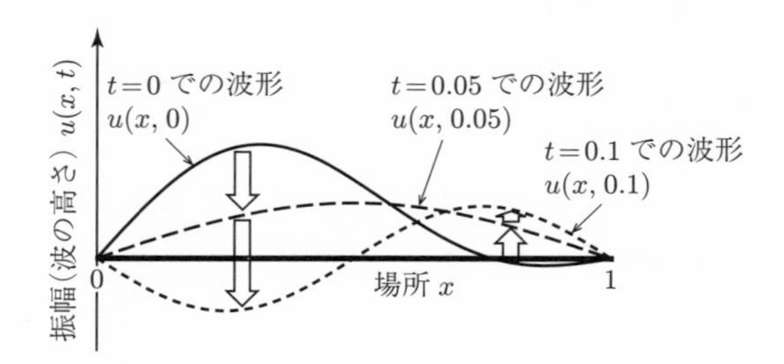

図 6.2 有限長の弦における形の変化（両端は 0 で固定）

(3) $u(x,y)$ を未知関数とする．次の 2 階偏微分方程式を**ラプラス方程式**という：

$$\frac{\partial^2 u}{\partial x^2}(x,y) + \frac{\partial^2 u}{\partial y^2}(x,y) = 0. \tag{6.3}$$

ラプラス方程式 (6.3) の関係は，時間が十分経ったときの金属板上の温度の分布を表している．ここでは，時間の概念がないため，2 変数目を t ではなく y にしている．この方程式の解 $u(x,y)$ は，熱平衡状態になっているときの金属板上の場所 (x,y) での温度を表している． □

6.1.2　2 階線形偏微分方程式の分類

ここでは，2 階線形偏微分方程式の定義とその分類について述べる．

2 階線形偏微分方程式

A, B, C, D, E, F, G を x, t の 2 変数関数とする．

$$A\frac{\partial^2 u}{\partial x^2}(x,t)+B\frac{\partial^2 u}{\partial t\partial x}(x,t)+C\frac{\partial^2 u}{\partial t^2}(x,t)$$
$$+D\frac{\partial u}{\partial x}(x,t)+E\frac{\partial u}{\partial t}(x,t)+Fu(x,t)=G$$

と表される偏微分方程式のことを，**2 階線形偏微分方程式**という．

●**注意**：(1)　A, B, C, D, E, F を**係数**という．より正確には，A は $\frac{\partial^2 u}{\partial x^2}(x,t)$ の係数といい，他も同様である．

(2)　A, B, C, D, E, F が $u(x,t)$, $\frac{\partial u}{\partial x}(x,t)$, $\frac{\partial u}{\partial t}(x,t)$ に依存しているとき**準線形**という．

例 6.1.2　例 6.1.1 で扱った偏微分方程式はすべて線形である．

(1)　熱方程式 (6.1) は，$A=a^2$, $B=0$, $C=0$, $D=0$, $E=-1$, $F=0$, $G=0$ と考えれば，2 階線形偏微分方程式である．$A=-a^2$, $B=0$, $C=0$, $D=0$, $E=1$, $F=0$, $G=0$ と考えてもよい．

(2)　波動方程式 (6.2) は，$A=a^2$, $B=0$, $C=-1$, $D=0$, $E=0$, $F=0$, $G=0$ と考えれば，2 階線形偏微分方程式である．

(3)　ラプラス方程式 (6.3) は，$A=1$, $B=0$, $C=1$, $D=0$, $E=0$, $F=0$, $G=0$ と考えれば，2 階線形偏微分方程式である．□

例題 6.1.1

次の各偏微分方程式が，2 階線形偏微分方程式かどうかを答えよ．

(1) $\displaystyle \frac{\partial^2 u}{\partial x^2}(x,t)+x^2\frac{\partial^2 u}{\partial t^2}(x,t)-3t\frac{\partial u}{\partial x}(x,t)=u(x,t)+x^2+t^2$

(2) $\displaystyle \frac{\partial^2 u}{\partial x^2}(x,t)-3u(x,t)\frac{\partial^2 u}{\partial t\partial x}(x,t)+2xt\frac{\partial u}{\partial x}(x,t)+u(x,t)=1$

(3) $\displaystyle \left(\frac{\partial^2 u}{\partial x^2}(x,t)\right)^2+\frac{\partial^2 u}{\partial t^2}(x,t)+2\frac{\partial u}{\partial x}(x,t)+u(x,t)=0$

(4) $\displaystyle \frac{\partial^3 u}{\partial x^3}(x,t)+u(x,t)\frac{\partial u}{\partial x}(x,t)+\frac{\partial u}{\partial t}(x,t)=0$

【解答】 (1) $A=1$, $B=0$, $C=x^2$, $D=-3t$, $E=0$, $F=-1$, $G=x^2+t^2$ と考えれば，2階線形偏微分方程式であることがわかる．

(2) $\frac{\partial^2 u}{\partial t \partial x}(x,t)$ の係数（B に該当する部分）が $u(x,t)$ に依存しているので，2階線形偏微分方程式ではない．2階準線形偏微分方程式になっている．

(3) $\frac{\partial^2 u}{\partial x^2}(x,t)$ の2乗という項があるので，2階線形偏微分方程式ではない．この場合，2階非線形偏微分方程式である．

(4) $\frac{\partial^3 u}{\partial x^3}(x,t)$ という3階偏微分の項があるので，2階線形偏微分方程式ではない．この場合，3階偏微分方程式である．■

次は2階線形偏微分方程式の分類について述べる．

2階線形偏微分方程式の分類

2階線形偏微分方程式

$$A\frac{\partial^2 u}{\partial x^2}(x,t)+B\frac{\partial^2 u}{\partial t \partial x}(x,t)+C\frac{\partial^2 u}{\partial t^2}(x,t)$$
$$+D\frac{\partial u}{\partial x}(x,t)+E\frac{\partial u}{\partial t}(x,t)+Fu(x,t)=G \tag{6.4}$$

は，次のように分類される．

(1) $B^2-4AC=0$ のとき，**放物型**という．

(2) $B^2-4AC>0$ のとき，**双曲型**という．

(3) $B^2-4AC<0$ のとき，**楕円型**という．

●**注意**：A, B, C が定数のとき，型は常に一定である．A, B, C が x, t の関数のとき，x, t の値によって型が変化することもある．

例6.1.1で扱った2階線形偏微分方程式の分類を調べてみよう．

例 6.1.3 (1) 熱方程式 (6.1) は，$A=a^2$, $B=0$, $C=0$, $D=0$, $E=-1$, $F=0$, $G=0$ であったから，$B^2-4AC=0$ となり，放物型である．$A=-a^2$, $B=0$, $C=0$, $D=0$, $E=1$, $F=0$, $G=0$ と考えても同じである．

(2) 波動方程式 (6.2) は，$A=a^2$, $B=0$, $C=-1$, $D=0$, $E=0$, $F=0$, $G=0$ であったから，$B^2-4AC>0$ となり，双曲型である．

(3) ラプラス方程式 (6.3) は，$A=1$, $B=0$, $C=1$, $D=0$, $E=0$, $F=0$, $G=0$ であったから，$B^2-4AC<0$ となり，楕円型である．□

例 6.1.1 で紹介した熱方程式，波動方程式，ラプラス方程式は，それぞれ各型のもっとも代表的な偏微分方程式である．

例題 6.1.2

次の各 2 階線形偏微分方程式の型を答えよ．

(1) $-a\dfrac{\partial^2 u}{\partial x^2}(x,t)+\dfrac{\partial^2 u}{\partial t^2}(x,t)+b=0$. ただし，$a>0$，$b$ は実数．

(2) $\dfrac{1}{2}\sigma^2 x^2\dfrac{\partial^2 u}{\partial x^2}(x,t)+rx\dfrac{\partial u}{\partial x}(x,t)+\dfrac{\partial u}{\partial t}(x,t)-ru(x,t)=0\ (x>0)$.
ただし，r，$\sigma>0$.

(3) $\dfrac{\partial^2 u}{\partial x^2}(x,t)+2x\dfrac{\partial^2 u}{\partial t\partial x}(x,t)+(x^2+1)\dfrac{\partial^2 u}{\partial t^2}(x,t)+\dfrac{\partial u}{\partial t}(x,t)=x^2$

【解答】 (1) $A=-a$，$B=0$，$C=1$ であるから，$B^2-4AC=4a>0$ となり双曲型であることがわかる．

(2) $A=\frac{1}{2}\sigma^2x^2$，$B=0$，$C=0$ であるから，$B^2-4AC=0$ となり放物型であることがわかる．

(3) $A=1$，$B=2x$，$C=x^2+1$ であるから，$B^2-4AC=-4<0$ となり楕円型であることがわかる．■

●**注意**：例題 6.1.2 (2) の偏微分方程式は，数理ファイナンスの分野では**ブラック・ショールズの偏微分方程式**という．r は金利を表し，σ はボラティリティといい，株価の変動の大きさを表す定数である．125 ページ節末の注意で紹介するブラック・ショールズモデルを株価モデルとし，適当な終端条件を課すことで解 $u(x,t)$ は時刻 t に株価が x 円のときのヨーロッパ型コールオプションとよばれる金融商品の値段を表す．また，解析的に解かれた解を**ブラック・ショールズの公式**という．このように，偏微分方程式は工学や理学にとどまらず，金融や経済学などにも用いられている．

本節の最後に，解の具体的な表現の例についてふれておく．

例題 6.1.3

$u(x,t)=\dfrac{1}{2\sqrt{\pi a^2 t}}e^{-\frac{x^2}{4a^2t}}$ は，熱方程式 (6.1) を満たすことを示せ．

【解答】 $u(x,t)$ の x に関する 2 回偏微分と t に関する偏微分は，

$$\frac{\partial u}{\partial x}(x,t) = -\frac{1}{2\sqrt{\pi a^2 t}}\frac{x}{2a^2 t}e^{-\frac{x^2}{4a^2 t}},$$

$$\frac{\partial^2 u}{\partial x^2}(x,t) = -\frac{1}{2\sqrt{\pi a^2 t}}\frac{1}{2a^2 t}e^{-\frac{x^2}{4a^2 t}} + \frac{1}{2\sqrt{\pi a^2 t}}\left(\frac{x}{2a^2 t}\right)^2 e^{-\frac{x^2}{4a^2 t}},$$

$$\frac{\partial u}{\partial t}(x,t) = -\frac{1}{2t^{\frac{3}{2}}}\frac{1}{2\sqrt{\pi a^2}}e^{-\frac{x^2}{4a^2 t}} + \frac{1}{2\sqrt{\pi a^2 t}}\frac{x^2}{4a^2 t^2}e^{-\frac{x^2}{4a^2 t}}$$

となり，熱方程式 (6.1) を満たすことがわかる． ■

例題 6.1.3 からわかるとおり，$u(x,t) = \frac{1}{2\sqrt{\pi a^2 t}}e^{-\frac{x^2}{4a^2 t}}$ は熱方程式 (6.1) を満たすから，(6.1) の解である．

2 階偏微分方程式にも解の種類はいくつかあるが，そのなかでも 2 つの任意関数を含む解のことを 2 階偏微分方程式の**一般解**という．

例 6.1.4 $f(x)$, $g(t)$ をそれぞれ x のみ，t のみを変数としてもつ任意の微分可能な関数とする．2 階線形偏微分方程式 $\frac{\partial^2 u}{\partial t \partial x} = 2$ を考えると，

$$u(x,t) = 2xt + f(x) + g(t)$$

は $\frac{\partial^2 u}{\partial t \partial x} = 2$ を満たすので解である．2 つの任意関数を含むため一般解である． □

6.1 節の問題

6.1.1 a を正の定数とする．波動方程式

$$\frac{\partial^2 u}{\partial t^2} = a^2 \frac{\partial^2 u}{\partial x^2}(x,t)$$

の解を 1 つ与えよ．ただし，$u(x,t) =$ 定数 は不可とする．

6.1.2 次の 2 階偏微分方程式が線形，準線形，非線形のいずれであるかを述べ，線形の場合はその型を答えよ．

(1) $\frac{\partial^2 u}{\partial x^2}(x,t) - 2\frac{\partial^2 u}{\partial x \partial t}(x,t) = u(x,t)$

(2) $3\frac{\partial^2 u}{\partial x^2}(x,t) + \frac{\partial^2 u}{\partial x \partial t}(x,t) + 2\frac{\partial^2 u}{\partial t^2}(x,t) + \frac{\partial u}{\partial t}(x,t) + u(x,t) = 0$

(3) $\frac{\partial^2 u}{\partial x \partial t}(x,t) + 2\frac{\partial u}{\partial x}(x,t) = 5$

(4) $\frac{\partial^2 u}{\partial x^2}(x,t) + 2\left(\frac{\partial^2 u}{\partial t^2}(x,t)\right)^2 + u(x,t)\frac{\partial u}{\partial x}(x,t) = u(x,t)$

(5) $xt\frac{\partial^2 u}{\partial x^2}(x,t) + \frac{\partial^2 u}{\partial x \partial t}(x,t) + u(x,t)\frac{\partial^2 u}{\partial t^2}(x,t) + \sin x\frac{\partial u}{\partial t}(x,t) + t^2 u(x,t) = 2$

(6) $4x^2\dfrac{\partial^2 u}{\partial x^2}(x,t)+4xt\dfrac{\partial^2 u}{\partial x\partial t}(x,t)+t^2\dfrac{\partial^2 u}{\partial t^2}(x,t)=2u(x,t)\quad(x,\ t>0)$

6.1.3　関数 $u(x,t)=3\sin\pi x\cdot\cos 2\pi t$ が波動方程式

$$\frac{\partial^2 u}{\partial t^2}(x,t)=4\frac{\partial^2 u}{\partial x^2}(x,t)$$

の解であることを示せ.

●**注意**：123ページの注意で述べたとおり，数理ファイナンスの分野でも偏微分方程式が用いられている．数理ファイナンスに現れる他の“微分方程式”として，**確率微分方程式**がある．たとえば，次の確率微分方程式は，**ブラック・ショールズモデル**とよばれる株価モデルの一つである：

$$dS(t)=\mu S(t)\,dt+\sigma S(t)\,dB(t). \tag{6.5}$$

ここで，μ は期待成長率を表す定数で，σ はボラティリティである．また，$B(t)$ は**ブラウン運動**とよばれ，t に関して連続であるが，いたるところ微分不可能な確率過程（時間とともにランダムに変化するもの）である．このブラウン運動の性質の悪さから，上の確率微分方程式 (6.5) は通常の解析では定式化できない．したがって，通常の解析とは異なる計算ルール（$(dB(t))^2=dt,\ dB(t)\,dt=(dt)^2=0$）をもつ**確率解析**（伊藤解析）を用いて定式化することになる．図6.3に (6.5) を異なるランダムさのもとでシミュレーションした3本の経路のグラフを与える．

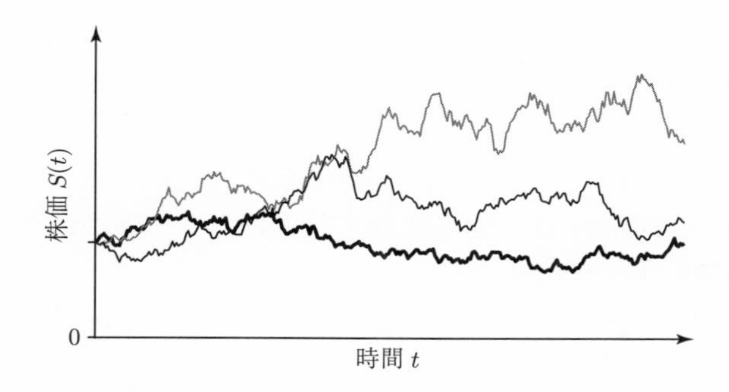

図 6.3　確率微分方程式のシミュレーション結果（3つのシナリオ）

詳しくは，確率解析や確率微分方程式のテキストを参照していただきたい．

6.2 基本的な偏微分方程式の導出

6.1節で，熱方程式，波動方程式，ラプラス方程式を紹介した．本節では，これらの偏微分方程式がどのように導出されるかを物理法則に基づいて紹介する．たとえば，例6.1.1 (1) の熱方程式 (6.1) で，なぜ熱の伝わり方を表せているのかを説明する．偏微分方程式が，ただの計算問題ではなく応用（ここでは物理への応用）と結びついていることを確認していただきたい．

6.2.1 熱方程式の導出

熱方程式 (6.1)：

$$\frac{\partial u}{\partial t}(x,t) = a^2 \frac{\partial^2 u}{\partial x^2}(x,t)$$

は，時間 t や（1次元の）針金上の場所 x とともに温度 $u(x,t)$ がどのように変化するかを表している．本項では，この偏微分方程式がなぜ時間とともに温度の変化（熱の移動）を表しているかを物理法則から明らかにする．ここで必要となるいくつかの熱伝導に関係する話（物理法則）を簡単にまとめておく[1]．

熱方程式導出に必要な物理法則（法則 I）

(1) 温度の変化（熱の移動）は，高温の方から低温の方に伝わっていく．

(2) 時刻 t に場所 x で高温部分から低温部分に伝わる単位時間における熱量 q_x は，

$$q_x = -\lambda \frac{\partial u}{\partial x}(x,t)$$

で与えられる．ただし，$\lambda\ (>0)$ を熱伝導率とする．つまり，熱の移動は，その場所の温度勾配 $\frac{\partial u}{\partial x}(x,t)$ に比例する．この関係を**フーリエの（熱伝導）法則**という．

(3) 質量 M の物体の温度を ΔT だけ上昇させるのに必要な熱量は，「比熱 $c\times$ 質量 $M\times$ 温度差 ΔT」で与えられる．ただし，$c\ (>0)$ を比熱とする．

●**注意**：法則 I では，熱伝導率と比熱という物質によって異なる定数がでてきた．熱伝導率は熱の伝わりやすさを表す定数で，比熱は単位質量の物体を単位温度上げるために必要な熱量を表す定数である．各物質のこれらの数値は，実

1)　本書は物理学書ではないので「熱」「熱量」「温度」などの用語を正確に区別して記述していないので注意していただきたい．

験を通じて知られている．本書では，これらの詳細がわからなくても，何か物質によって異なる定数という程度の理解で問題ない．

図 6.4 の位置 x と $x+\Delta x$ における Δt 時間での熱量の流入，流出は，法則 I (1), (2) からそれぞれ

$$q_x = -\lambda \frac{\partial u}{\partial x}(x,t)\Delta t, \quad q_{x+\Delta x} = -\lambda \frac{\partial u}{\partial x}(x+\Delta x, t)\Delta t$$

となる（図 6.5）．したがって，区間 $[x, x+\Delta x]$ における Δt 時間での熱量の変化 $q_x - q_{x+\Delta x}$ は，x に対するテイラー展開を用いると，

$$\begin{aligned} q_x - q_{x+\Delta x} &= \lambda \left\{ \frac{\partial u}{\partial x}(x+\Delta x, t) - \frac{\partial u}{\partial x}(x,t) \right\} \Delta t \\ &= \lambda \Delta t \Delta x \frac{\partial^2 u}{\partial x^2}(x,t) + R_1 \end{aligned} \tag{6.6}$$

となる．ただし，R_1 は剰余項で，以下では十分小さいとして無視する．

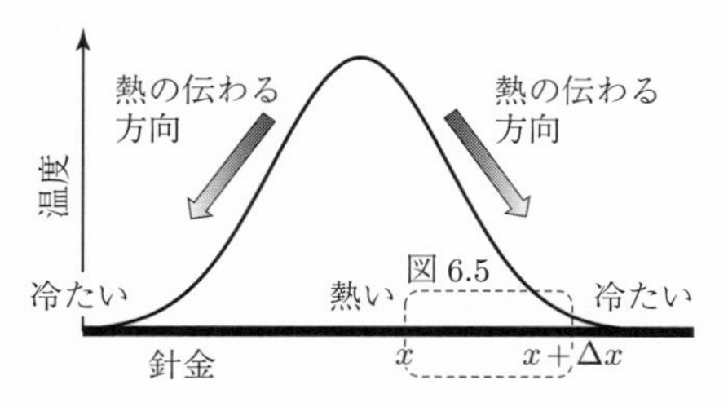

図 6.4　熱の移動（全体）

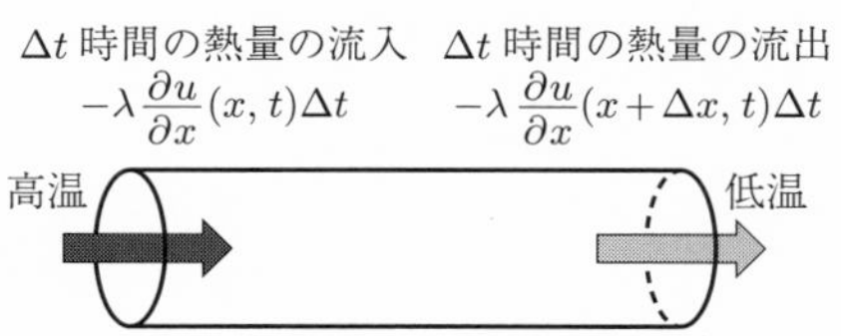

図 6.5　Δt 時間での熱の変化（局所）

また，区間 $[x, x+\Delta x]$ における針金の質量は $m\Delta x$ で，場所 x における Δt 時間での温度変化は $u(x, t+\Delta t) - u(x,t)$ である．ただし，$m\ (>0)$ は単位長当たりの針金の質量とする．このとき，Δt 時間における場所 x の熱量の変化は，法則 I (3) から

$$c \cdot (m\Delta x) \cdot \{u(x, t+\Delta t) - u(x,t)\}$$

である．これに t に関するテイラー展開を用いると，

$$c \cdot (m\Delta x) \cdot \{u(x, t+\Delta t) - u(x,t)\} = cm\Delta t \Delta x \frac{\partial u}{\partial t}(x,t) + R_2 \tag{6.7}$$

となる．ただし，R_2 は剰余項で，十分小さいとして以下では無視する．

(6.6) と (6.7) は異なる物理法則から導かれた，同じ部分の Δt 時間での熱量の変化を表すため，同じでなくてはならない．よって，

$$\lambda \Delta t \Delta x \frac{\partial^2 u}{\partial x^2}(x,t) = cm\Delta t \Delta x \frac{\partial u}{\partial t}(x,t) \iff \frac{\partial u}{\partial t}(x,t) = a^2 \frac{\partial^2 u}{\partial x^2}(x,t)$$

となり熱方程式が導かれる．ただし，$a = \sqrt{\frac{\lambda}{cm}}$ とする．たとえば，例題 6.1.3 で $u(x,t) = \frac{1}{2\sqrt{\pi a^2 t}} e^{-\frac{x^2}{4a^2 t}}$ が熱方程式を満たす（解である）ことを確かめた．

●**注意**：本書ではふれないが，各時刻の各地点における熱源 $f(x,t)$（単位時間に加わる熱量）があるときの熱方程式は

$$\frac{\partial u}{\partial t}(x,t) = a^2 \frac{\partial^2 u}{\partial x^2}(x,t) + f(x,t)$$

となる．また，1 次元の針金ではなく，2 次元の金属板での温度の変化を与える 2 次元熱方程式は，次のようになる：

$$\frac{\partial u}{\partial t}(x,y,t) = a^2 \left\{ \frac{\partial^2 u}{\partial x^2}(x,y,t) + \frac{\partial^2 u}{\partial y^2}(x,y,t) \right\}. \tag{6.8}$$

6.2.2 波動方程式の導出

例 6.1.1 (2) で，

$$\frac{\partial^2 u}{\partial t^2}(x,t) = a^2 \frac{\partial^2 u}{\partial x^2}(x,t) \tag{6.9}$$

は，時間 t や 1 次元の水面の場所 x とともに波の高さ $u(x,t)$ がどのように変化するかを表していた．本項では，波動方程式を物理法則から導出するが，水面の波ではなく，長さ ℓ の弦の両端が固定され，ピンと張られている状態で，弦を少しつまみ（微小）振動させる状況を考える．また，波動方程式の一般解も紹介する．

まず，用いる物理法則を簡単にまとめておく．

波動方程式導出に必要な物理法則（法則 II）

(1) 弦の長さに対して振幅は十分小さいとする．

(2) 張力（弦を引っ張る力）は弦のすべての点に対して一定であり，接線方向にその力が働くものとする．

(3) ニュートンの運動方程式より，力は「質量 × 加速度」である．ここで，加速度は場所 x の時間 t に関する 2 回微分であった．

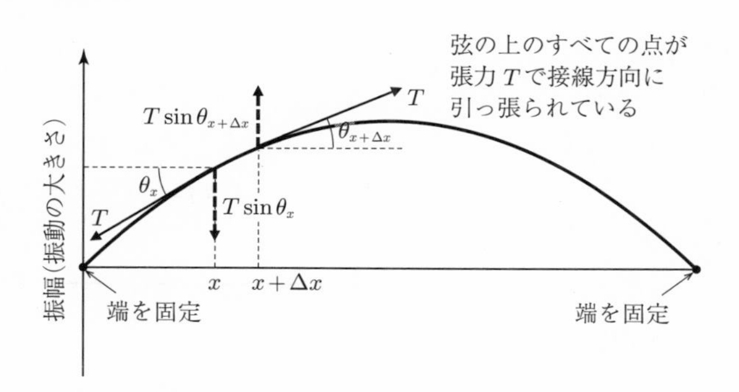

図 6.6　弦の振動（全体）（注意：実際はもっと微小振動であるが，見やすくするため大きめに振幅させた図を描いている.）

張力を T とし，場所 x における接線と x 軸がなす角を θ_x，地点 $x+\Delta x$ における接線と x 軸がなす角を $\theta_{x+\Delta x}$ とする（図 6.6）．垂直方向の力を考えると，法則 II (1), (2) から，

$$T\sin\theta_{x+\Delta x} - T\sin\theta_x$$

となる．振幅が十分小さいことから θ_x，$\theta_{x+\Delta x}$ がともに 0 に近いと考えると，$\sin\theta_x \fallingdotseq \tan\theta_x = \frac{\partial u}{\partial x}(x,t)$ である．同様に $\sin\theta_{x+\Delta x} \fallingdotseq \frac{\partial u}{\partial x}(x+\Delta x,t)$ と考えられる．x に関してテイラー展開を用いると，次のようになる：

$$\begin{aligned} T\sin\theta_{x+\Delta x} - T\sin\theta_x &= T\left\{\frac{\partial u}{\partial x}(x+\Delta x,t) - \frac{\partial u}{\partial x}(x,t)\right\} \\ &= T\Delta x\frac{\partial^2 u}{\partial x^2}(x,t) + R_3. \end{aligned} \tag{6.10}$$

ただし，R_3 は剰余項で，ここでも十分小さいとして以下では無視する．

一方，ここでの加速度は振幅 $u(x,t)$ の時間 t に関する 2 回微分であり，$[x,x+\Delta x]$ における弦の重さは $\rho\Delta x$ である．ただし，ρ を弦の単位長当たりの重さとする．垂直方向の力は法則 II (3) より，

$$\rho\Delta x\frac{\partial^2 u}{\partial t^2}(x,t) \tag{6.11}$$

となる．

これら 2 つの力 (6.10), (6.11) は同じ力を表しているから等しくなくてはならない．したがって，

$$T\Delta x\frac{\partial^2 u}{\partial x^2}(x,t)=\rho\Delta x\frac{\partial^2 u}{\partial t^2}(x,t) \iff \frac{\partial^2 u}{\partial t^2}(x,t)=a^2\frac{\partial^2 u}{\partial x^2}(x,t)$$

となり，波動方程式が導かれる．ただし，$a=\sqrt{\frac{T}{\rho}}$ とする．

無限に長い弦の波の推移に対する一般解は次のように与えられる．f, g を任意の 2 回微分可能な関数とする．

ダランベール解

$\mathbb{R}^2$ 上の 2 変数関数

$$u(x,t)=f(x-at)+g(x+at)$$

は波動方程式 (6.9) の一般解である．この解を**ダランベール解**という．

$x-at$ や $x+at$ が一定となる x, t の関係を**特性曲線**（ここでは，直線であるが話を一般化すると曲線となる）とよぶ．これは波が時間とともにどの位置に移動するかを表している．$f(x-at)$ は左から右に，$g(x+at)$ は右から左に進む波の伝播を表しており，$f(x)$, $g(x)$ はそれぞれの波形を表している．たとえば，時刻 $t=0$ に $x=b$ での波の高さ $f(b-a\cdot 0)=f(b)$ は，時刻 $t=1$ には $x=b+a\ (>b)$ に移動している．実際，$f((b+a)-a\cdot 1)=f(b)$ となっている．したがって，ダランベール解は左右に進むそれぞれの波の高さの和（重ね合わせ）となっている．

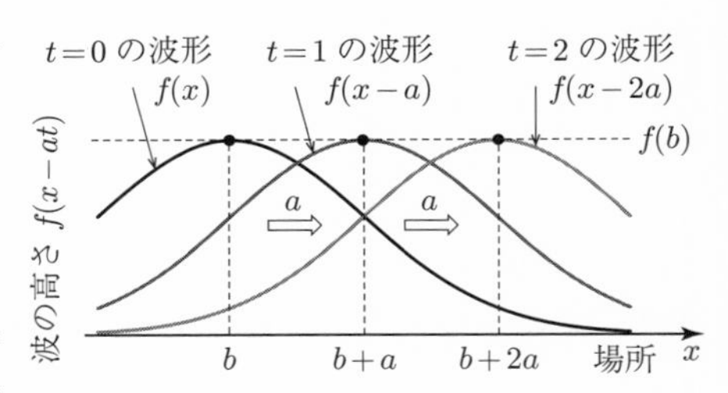

図 6.7 左から右に進む波のイメージ

●**注意**：2 次元の水面上の波や膜の振動に関する波動方程式は

$$\frac{\partial^2 u}{\partial t^2}(x,y,t)=a^2\left\{\frac{\partial^2 u}{\partial x^2}(x,y,t)+\frac{\partial^2 u}{\partial y^2}(x,y,t)\right\}$$

で与えられる．

6.2.3 ラプラス方程式の導出

本項では，ラプラス方程式の導出を行う．ラプラス方程式では，時間の概念がなくなるので状態が 1 変数では偏微分方程式とならない．したがって，状態が2変数の場合を考える．また，解の特徴なども紹介する．

金属板上の地点 (x, y) の温度 $u(x, y)$ を考える．ラプラス方程式は，時間が十分経ち温度が変化しなくなったときの金属板上の温度を与える．これは次のように導かれる．2次元熱方程式

$$\frac{\partial u}{\partial t} = a^2 \left(\frac{\partial^2 u}{\partial x^2} + \frac{\partial^2 u}{\partial y^2} \right)$$

で時間変化がなくなり（$\frac{\partial u}{\partial t} = 0$），熱平衡状態になる．つまり，

$$\frac{\partial^2 u}{\partial x^2}(x, y) + \frac{\partial^2 u}{\partial y^2}(x, y) = 0$$

となることから，例6.1.1 (3) のラプラス方程式 (6.3) が導かれた．

●注意：(1) ラプラス方程式の解は**調和関数**とよばれる．また，**ラプラシアン**（**ラプラス作用素**）$\Delta = \frac{\partial^2}{\partial x^2} + \frac{\partial^2}{\partial y^2}$ を用いてラプラス方程式を $\Delta u = 0$ と書くことも多い．

(2) $f(x, y)$ を地点 (x, y) の熱源（時間に一定）を表す関数とする．熱源のあるラプラス方程式は

$$a^2 \left\{ \frac{\partial^2 u}{\partial x^2}(x, y) + \frac{\partial^2 u}{\partial y^2}(x, y) \right\} = f(x, y)$$

となる．この方程式は**ポアソン方程式**とよばれ，電磁気学などの分野に現れる偏微分方程式である．

最後に，ラプラス方程式の解に関する話題を2つ紹介する．

1つ目は，ラプラス方程式の解に対する平均値の定理である．

平均値の定理

領域 $D \subset \mathbb{R}^2$ 上のラプラス方程式を考える．D の内部の点 (x_0, y_0) における温度 $u(x_0, y_0)$ は，$r > 0$ に対して，

$$u(x_0, y_0) = \frac{1}{2\pi} \int_0^{2\pi} u(x_0 + r\cos\theta, y_0 + r\sin\theta)\, d\theta$$

で与えられる．

これは，D 上の点 (x_0, y_0) の温度が，(x_0, y_0) を中心とする半径 r の D に含まれる円周上の温度の平均値になっていることを表している．この定理を使う

と，熱平衡状態のとき，何かしらの理由で地点 (x_0, y_0) の温度が計れなくても，(x_0, y_0) を中心とする半径 r の円周上の温度を計り，その平均値から (x_0, y_0) の温度がわかるということである．

次に，ラプラス方程式の解に対する最大値原理を紹介する．

最大値原理

有界領域 $D \subset \mathbb{R}^2$ 上のラプラス方程式を考える．その解 $u(x, y)$ は，D の境界上で最大値をとる．

同様に，$u(x, y)$ は D の境界上で最小値もとる．この最大値原理を用いると，D 上のラプラス方程式の解が一意（ただ 1 つ）であることが示せる（問題 6.2.3）．

6.2 節の問題

6.2.1 $u(x, t) = 2e^{-4\pi^2 t} \sin \pi x$ とする．このとき，次の各問に答えよ．

(1) $u(x, t)$ が熱方程式 $\dfrac{\partial u}{\partial t}(x, t) = 4\dfrac{\partial^2 u}{\partial x^2}(x, y)$ の解であることを示せ．

(2) 時刻 $\frac{1}{4\pi^2}$ に場所 1 を通過する単位時間の熱量を求めよ．ただし，熱伝導率は 50 とし，$e^{-1} = 0.368,\ \pi = 3.14$ とする．

6.2.2 $\alpha = x + at,\ \beta = x - at$ とし，$v(\alpha, \beta) = v(x + at, x - at) = u(x, t)$ と変数変換すると，波動方程式が次のように表せることを示せ：

$$\frac{\partial^2 v}{\partial \alpha \partial \beta} = 0.$$

●**注意**：放物型，双曲型，楕円型には，それぞれ**標準形**とよばれる方程式の形があり，上式は双曲型偏微分方程式の標準形の特別な場合になる．

6.2.3 ダランベール解が波動方程式の解になっていることを確かめよ．

6.2.4 有界領域 $D \subset \mathbb{R}^2$ 上で関数 $u(x, y)$ はラプラス方程式 $\dfrac{\partial^2 u}{\partial x^2}(x, y) + \dfrac{\partial^2 u}{\partial y^2}(x, y) = 0$ に従い，D の境界では，$u(x, y) = h(x, y)$ となっているとする．ただし，$h(x, y)$ は与えられた関数とする．このとき，この解 $u(x, y)$ が一意であることを示せ．
（**ヒント**：条件を満たす解が 2 つ存在するとして考えはじめる．しかし，ラプラス方程式の性質を用いると結果的に，その 2 つの解は同じになることを示す．）

6.3　フーリエ級数

微分積分や 4.1 節で学んだ $x=c$ におけるテイラー展開は，なめらかな関数 $f(x)$ に対して，

$$f(x)=f(c)+f'(c)(x-c)+\frac{f''(c)}{2}(x-c)^2+\cdots=\sum_{k=0}^{\infty}\frac{f^{(k)}(c)}{k!}(x-c)^k$$

であった．これは，関数 $f(x)$ を $x,\ x^2,\ \ldots$ を用いた展開（べき級数展開）である．ここではフーリエ級数展開とよばれる，与えられた関数をさまざまな周期をもつ三角関数の 1 次結合（線形結合）で展開する方法を学ぶ．

6.3.1　フーリエ級数展開のための準備

まず，三角関数に関する次の性質を紹介する．

三角関数の積分に関する公式

$m,\ n$ を自然数とし，$\ell>0$ とする．

$$\int_{-\ell}^{\ell}\sin\frac{m\pi}{\ell}x\sin\frac{n\pi}{\ell}x\,dx=\begin{cases}\ell & (m=n),\\ 0 & (m\neq n).\end{cases}\tag{6.12}$$

$$\int_{-\ell}^{\ell}\cos\frac{m\pi}{\ell}x\cos\frac{n\pi}{\ell}x\,dx=\begin{cases}\ell & (m=n),\\ 0 & (m\neq n).\end{cases}\tag{6.13}$$

$$\int_{-\ell}^{\ell}\sin\frac{m\pi}{\ell}x\cos\frac{n\pi}{\ell}x\,dx=0.\tag{6.14}$$

これらは次のように示される．

- $m=n$ のとき，2 倍角の公式より，

$$\int_{-\ell}^{\ell}\sin^2\frac{m\pi}{\ell}x\,dx=\int_{-\ell}^{\ell}\frac{1-\cos\frac{2m\pi}{\ell}x}{2}\,dx=\ell.$$

- $m\neq n$ のとき，積和の公式より，

$$\int_{-\ell}^{\ell}\sin\frac{m\pi}{\ell}x\sin\frac{n\pi}{\ell}x\,dx=\int_{-\ell}^{\ell}\frac{\cos\frac{(m-n)\pi}{\ell}x-\cos\frac{(m+n)\pi}{\ell}x}{2}\,dx=0.$$

- 残りは，各自示してみるとよい．

●注意：線形代数で，n 次元ベクトル空間 $\mathbb{R}^n$ において，n 次元ベクトル $\boldsymbol{v}_1$，…，$\boldsymbol{v}_n$ が，内積 $(\boldsymbol{v}_i,\boldsymbol{v}_j)=\boldsymbol{v}_i\cdot\boldsymbol{v}_j=\delta_{ij}\,(i,j=1,2,\ldots,n)$ を満たすとき，

$\boldsymbol{v}_1, \ldots, \boldsymbol{v}_n$ を $\mathbb{R}^n$ の**正規直交基底**とよんだ．ただし，δ_{ij} は**クロネッカーのデルタ**で，$i = j$ のとき $\delta_{ij} = 1$，$i \neq j$ のとき $\delta_{ij} = 0$ である．このとき，任意の $\boldsymbol{w} \in \mathbb{R}^n$ は，$\boldsymbol{v}_1, \ldots, \boldsymbol{v}_n$ の1次結合で表すことができた．つまり，

$$\boldsymbol{w} = \sum_{k=1}^{n} a_k \boldsymbol{v}_k$$

となる $a_1, \ldots,\ a_n \in \mathbb{R}$ が（ただ1つ）存在する．

関数 $f(x)$，$g(x)$ を $\int_{-\ell}^{\ell} f(x)^2\,dx < \infty$，$\int_{-\ell}^{\ell} g(x)^2\,dx < \infty$ を満たす関数とし，

$$(f, g) = \int_{-\ell}^{\ell} f(x)g(x)\,dx$$

と定義すると，(f, g) は内積となっている（問題6.3.3（連続の場合））．このとき，関数列

$$\frac{1}{\sqrt{2\ell}},\ \frac{1}{\sqrt{\ell}}\cos\frac{\pi}{\ell}x,\ \frac{1}{\sqrt{\ell}}\sin\frac{\pi}{\ell}x,\ \frac{1}{\sqrt{\ell}}\cos\frac{2\pi}{\ell}x,\ \frac{1}{\sqrt{\ell}}\sin\frac{2\pi}{\ell}x, \cdots \tag{6.15}$$

は，（詳しくは述べないが）ある空間の**完全正規直交系**とよばれる関数系になっている．これは上で述べた n 次元ベクトル空間での正規直交基底と同様の話を成り立たせる．つまり，その空間に属する関数は関数列 (6.15) の1次結合で表せることとなる．次で学ぶフーリエ級数展開はこの性質に基づいている．また，そのような展開を用いて，次節以降で偏微分方程式の解の級数表現を与える．

もう一つ言葉の準備をしておく．$[-\ell, \ell]$ 上の関数 $f(x)$ が**区分的に連続**とは，有限個の点 $x_1, x_2, \ldots, x_n \in [-\ell, \ell]$ を除いて連続で，不連続点と両端点 $x = -\ell, \ell$ において極限が有限値として存在する関数のことである（図6.8，図6.9）．また，$f(x)$ と $f'(x)$ が $[-\ell, \ell]$ 上で区分的に連続な関数であるとき**区分的になめらか**という．

6.3.2 フーリエ級数展開

$f(x)$ を $[-\ell, \ell]$ 上で定義された関数とする．m を0以上の整数として，

$$a_m = \frac{1}{\ell}\int_{-\ell}^{\ell} f(x)\cos\frac{m\pi}{\ell}x\,dx, \tag{6.16}$$

$$b_m = \frac{1}{\ell}\int_{-\ell}^{\ell} f(x)\sin\frac{m\pi}{\ell}x\,dx \tag{6.17}$$

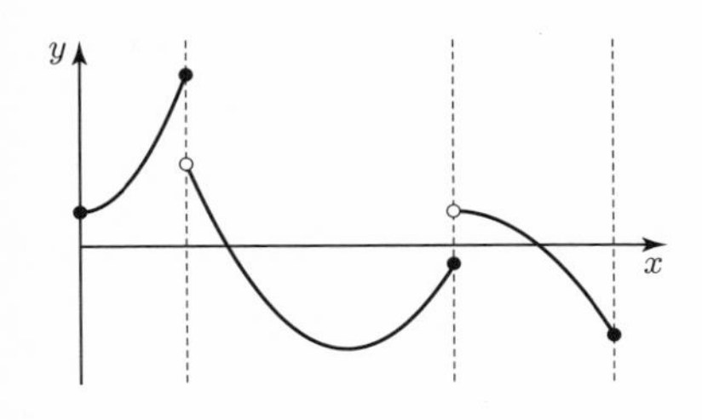

図 6.8 区分的に連続な関数のイメージ

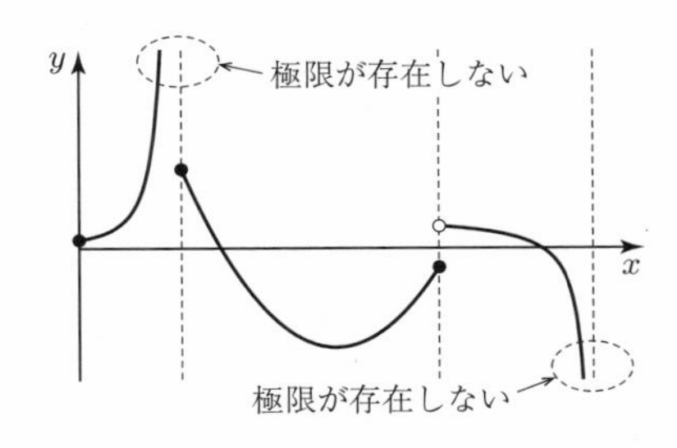

図 6.9 区分的に連続でない関数のイメージ

とする．なぜこのような式がでてくるのかは，もう少しあとで述べる．

フーリエ級数展開

a_m を (6.16)，b_m を (6.17) で定義される定数とする．このとき，

$$\frac{a_0}{2}+\sum_{m=1}^{\infty}\left(a_m\cos\frac{m\pi}{\ell}x+b_m\sin\frac{m\pi}{\ell}x\right) \tag{6.18}$$

を $f(x)$ の**フーリエ級数展開**といい，a_m，b_m を $f(x)$ の**フーリエ係数**という．

●**注意**：フーリエ級数展開を

$$f(x)\sim\frac{a_0}{2}+\sum_{m=1}^{\infty}\left(a_m\cos\frac{m\pi}{\ell}x+b_m\sin\frac{m\pi}{\ell}x\right)$$

と表すことも多い．ここで "$\sim$" は，形式的な "$=$" の意味である．実際，右辺が発散したり，$f(x)$ とは異なる数値に収束することがあるため完全な "$=$" ではない．

フーリエ級数展開が $f(x)$ と一致する場合として次が知られている．

フーリエの収束定理

$f(x)$ を $[-\ell,\ell]$ 上の区分的になめらかな関数とする．このとき，$f(x)$ の連続点 x では，

$$f(x)=\frac{a_0}{2}+\sum_{m=1}^{\infty}\left(a_m\cos\frac{m\pi}{\ell}x+b_m\sin\frac{m\pi}{\ell}x\right)$$

が成り立つ．

一方，x が $f(x)$ の不連続点のときは，次が成り立つことも知られている：

$$\frac{f(x+0)+f(x-0)}{2} = \frac{a_0}{2} + \sum_{m=1}^{\infty}\left(a_m \cos\frac{m\pi}{\ell}x + b_m \sin\frac{m\pi}{\ell}x\right). \tag{6.19}$$

つまり，フーリエ級数展開の値は $f(x+0)$ と $f(x-0)$ の中間点になる．

ここで，フーリエ係数がなぜ (6.16) や (6.17) で与えられるのかを考えてみる．与えられた関数 $f(x)$ を，係数 a_m や b_m は不明であるが (6.18) の形に展開できたとする．このとき，両辺に $\cos\frac{n\pi}{\ell}x$（n を 0 以上の整数）を掛けて，$[-\ell,\ell]$ における定積分を考えると，

$$\begin{aligned}\int_{-\ell}^{\ell} f(x)\cos\frac{n\pi}{\ell}x\,dx &= \frac{a_0}{2}\int_{-\ell}^{\ell}\cos\frac{n\pi}{\ell}x\,dx \\ &+ \sum_{m=1}^{\infty}\left(a_m\int_{-\ell}^{\ell}\cos\frac{m\pi}{\ell}x\cos\frac{n\pi}{\ell}x\,dx + b_m\int_{-\ell}^{\ell}\sin\frac{m\pi}{\ell}x\cos\frac{n\pi}{\ell}x\,dx\right)\end{aligned}$$

となる．6.3.1 項の三角関数の積分に関する公式より，右辺は $m=n$ のときの $\int_{-\ell}^{\ell}\cos\frac{m\pi}{\ell}x\cos\frac{n\pi}{\ell}x\,dx$ だけ ℓ となり，それ以外の項はすべて 0 となる．よって，

$$a_n = \frac{1}{\ell}\int_{-\ell}^{\ell} f(x)\cos\frac{n\pi}{\ell}x\,dx$$

が導かれる．同様に，b_m に関しては，両辺に $\sin\frac{n\pi}{\ell}x$ を掛けて，$[-\ell,\ell]$ における定積分を考えることで導かれる．

例 6.3.1　$[-1,1]$ 上の関数 $f(x) = \begin{cases} x+1 & (-1 \le x \le 0) \\ -x+1 & (0 < x \le 1) \end{cases}$ のフーリエ級数展開を求める．

まず，フーリエ係数を求める．

$$a_0 = \int_{-1}^{0}(x+1)\,dx + \int_{0}^{1}(-x+1)\,dx = 1,$$

自然数 m に対して，部分積分法を用いることで，

$$\begin{aligned}a_m &= \int_{-1}^{0}(x+1)\cos m\pi x\,dx + \int_{0}^{1}(-x+1)\cos m\pi x\,dx \\ &= -\frac{1}{m\pi}\int_{-1}^{0}\sin m\pi x\,dx + \frac{1}{m\pi}\int_{0}^{1}\sin m\pi x\,dx\end{aligned}$$

$$= \frac{2}{(m\pi)^2}(1 - \cos m\pi).$$

ここで $\cos m\pi = (-1)^m$ とも表せる．同様に計算すると，

$$b_m = \int_{-1}^{0} (x+1) \sin m\pi x \, dx + \int_{0}^{1} (-x+1) \sin m\pi x \, dx = 0.$$

よって，$f(x)$ のフーリエ級数展開は，

$$\frac{1}{2} + \sum_{m=1}^{\infty} \frac{2}{(m\pi)^2}(1 - \cos m\pi) \cos m\pi x \tag{6.20}$$

となる．実際，(6.20) で無限和を $m = 100$ までとしたグラフが図 6.10 である．グラフで見る限りでは $f(x)$ そのもので，フーリエ級数展開でもとの関数 $f(x)$ が再現できていることがわかる（**フーリエの収束定理**）． □

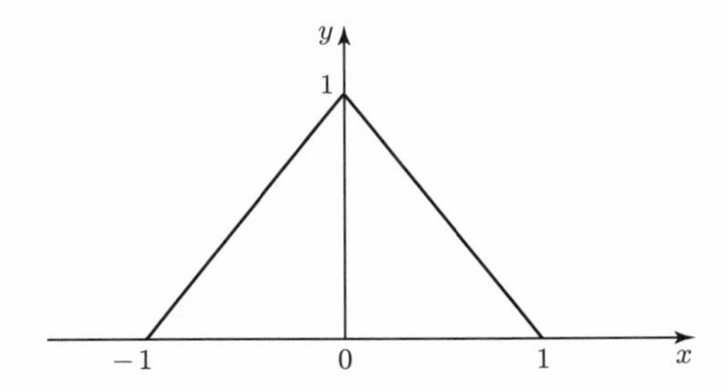

図 6.10 (6.20) の $m = 100$ までの項で描いたグラフ

例題 6.3.1

$[-1,1]$ 上の関数 $f(x) = \begin{cases} -1 & (-1 \leq x \leq 0) \\ 1 & (0 < x \leq 1) \end{cases}$ のフーリエ級数展開を求めよ．

【解答】 フーリエ係数 (6.16), (6.17) を計算すると，$a_m = 0$ $(m = 0, 1, 2, \ldots)$，$b_m = \frac{2}{m\pi}(1 - \cos m\pi)$ $(m = 1, 2, \ldots)$ である．$f(x)$ のフーリエ級数展開は，

$$\sum_{m=1}^{\infty} \frac{2}{m\pi}(1 - \cos m\pi) \sin m\pi x \tag{6.21}$$

となる．$x = 0$ を代入すると，(6.21) $= 0$ となることがわかる．これは，$\frac{f(+0)+f(-0)}{2} = \frac{1+(-1)}{2} = 0$ と一致し，不連続点 $x = 0$ では (6.19) の関係が成

り立っていることもわかる. ■

●**注意**：例題 6.3.1 の (6.21) で無限和を $m = 5, 10, 100$ までとしたグラフが図 6.11 である.

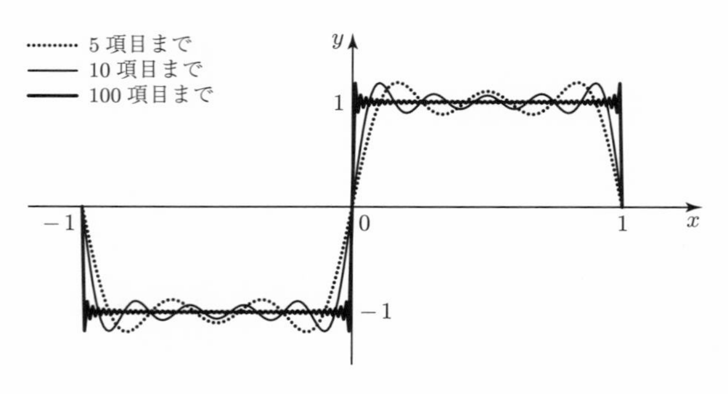

図 6.11　ギブス現象（(6.21) で $m = 5, 10, 100$ までの項）

図 6.11 で, $x = 0$ 付近をみると m を大きくしても激しく振動していることがわかる. これは不連続点でおきる**ギブス現象**として知られている現象である.

6.3.3　フーリエ正弦級数展開

$f(x)$ を, $[0, \ell]$ 上で定義された関数とする.

前項では, $[-\ell, \ell]$ という区間で定義される関数に対してフーリエ級数展開を考えたが, ここでは $[0, \ell]$ という区間で定義される関数に対するフーリエ級数展開を考えたい. 前項の話につなげるためには区間を $[-\ell, \ell]$ に拡張し, 関数も $[-\ell, \ell]$ 上の関数に拡張する必要がある. その拡張方法として, 2 通りを考える. 1 つ目は,

$$F(x) = \begin{cases} -f(-x) & (-\ell \le x < 0), \\ f(x) & (0 \le x \le \ell) \end{cases}$$

という具合に奇関数として拡張する. 2 つ目は

$$G(x) = \begin{cases} f(-x) & (-\ell \le x < 0), \\ f(x) & (0 \le x \le \ell) \end{cases}$$

という具合に偶関数として拡張する. ここでは, 後に学ぶ偏微分方程式の解の導出で用いられる奇関数として拡張した $F(x)$ のほうで詳しく説明する.

$[-\ell, \ell]$ 上で定義された関数 $F(x)$ のフーリエ級数展開を求めてみる．フーリエ係数の a_m を考えてみると，$m = 0, 1, 2, \ldots$ に対して，

$$a_m = \frac{1}{\ell} \int_{-\ell}^{\ell} F(x) \cos \frac{m\pi}{\ell} x \, dx$$

であり，被積分関数が奇関数と偶関数の積より奇関数で，積分区間も y 軸対称となっているので $a_m = 0$ となる．b_m は，被積分関数が奇関数と奇関数の積で偶関数となることから，$m = 1, 2, \ldots$ に対して，

$$b_m = \frac{1}{\ell} \int_{-\ell}^{\ell} F(x) \sin \frac{m\pi}{\ell} x \, dx = \frac{2}{\ell} \int_{0}^{\ell} f(x) \sin \frac{m\pi}{\ell} x \, dx \qquad (6.22)$$

となる．よって，$F(x)$ のフーリエ級数展開は，$x \in [-\ell, \ell]$ に対して，

$$\sum_{m=1}^{\infty} b_m \sin \frac{m\pi}{\ell} x$$

となる．

以上より，$[0, \ell]$ 上の関数 $f(x)$ を奇関数として拡張したフーリエ級数展開は次のようになる．

フーリエ正弦級数展開

$x \in [0, \ell]$ に対して，

$$\sum_{m=1}^{\infty} b_m \sin \frac{m\pi}{\ell} x \qquad (6.23)$$

を，$f(x)$ に対する**フーリエ正弦級数展開**という．ただし，b_m は (6.22) で定義される定数である．

例題 6.3.2

$[0, \pi]$ 上の関数 $f(x) = x$ のフーリエ正弦級数展開を求めよ．

【解答】 部分積分公式を用いることで，$b_m = -\frac{2}{m} \cos m\pi$ $(m = 1, 2, \ldots)$ と求まる．よって，$f(x)$ のフーリエ正弦級数展開は，

$$-\sum_{m=1}^{\infty} \frac{2}{m} \cos m\pi \sin mx$$

となる．ただし，ここでは $\ell = \pi$ である． ■

後のために，正弦関数 $\sin x$ を使った展開 (6.23) を考えたが，$[0,\ell]$ 上の関数 $f(x)$ を偶関数の形で拡張して，フーリエ級数展開することも同様に考えられる．このとき，余弦関数 $\cos x$ を使った展開

$$\frac{a_0}{2}+\sum_{m=1}^{\infty}a_m\cos\frac{m\pi}{\ell}x \tag{6.24}$$

となる．ただし，

$$a_m=\frac{2}{\ell}\int_0^{\ell}f(x)\cos\frac{m\pi}{\ell}x\,dx$$

とする．これを $f(x)$ に対する**フーリエ余弦級数展開**とよぶ．

●**注意**：フーリエ正弦級数展開やフーリエ余弦級数展開においても，x が $f(x)$ の連続点のとき，(6.23) や (6.24) は $f(x)$ と等しくなる．x が不連続点のときは，$\frac{f(x+0)+f(x-0)}{2}$ と等しくなる．

6.3 節の問題

6.3.1 $f(x)=\begin{cases} x^2 & (0\le x\le\pi) \\ 0 & (-\pi\le x<0)\end{cases}$ とする．次の各問に答えよ．

(1) $f(x)$ のフーリエ級数展開を求めよ．

(2) (1) で $x=0$ とすることで，$\displaystyle\sum_{m=1}^{\infty}\frac{(-1)^{m+1}}{m^2}$ を求めよ．

6.3.2 $[0,\ell]$ 上の関数 $f(x)=\begin{cases} 10x & (0\le x\le\frac{\ell}{2}) \\ 10(\ell-x) & (\frac{\ell}{2}<x\le\ell)\end{cases}$ のフーリエ正弦級数展開を求めよ．

6.3.3 $f(x)$，$g(x)$ を $[-\ell,\ell]$ 上の連続関数とし，$(f,g)=\int_{-\ell}^{\ell}f(x)g(x)\,dx$ とする．このとき，(f,g) が内積となっていることを示せ．ただし，(f,g) が**内積**とは，次の条件をすべて満たすときをいう．

(i) $(f,g)=(g,f)$

(ii) $(f+h,g)=(f,g)+(h,g)$．ただし，$h(x)$ は $[-\ell,\ell]$ 上の連続関数とする．

(iii) 実数 α に対して，$(\alpha f,g)=\alpha(f,g)$．

(iv) $(f,f)\ge 0$ である．ただし，$f(x)\equiv 0 \iff (f,f)=0$．

6.4 変数分離法 (I)（有限長の針金の熱方程式（簡単な場合））

有限の長さをもつ針金を考え，針金上の温度が時間とともにどのように変化するかを考える．この問題の解法を本節と次節で少しずつ設定を一般化する流れで解説していく．最初から一般論で学ぶことを好む読者にはくどいと感じることがあるかもしれないが，ここでは簡単なところから少しずつ一般化することで理解を深めてもらいたい．

6.4.1 有限長の針金の熱方程式の初期値・境界値問題

熱方程式に 2 つの条件が付いた次の問題を考える．

問題 I：有限長の針金の熱方程式に対する初期値・境界値問題の一例

(i) **（熱方程式）** $(0,\ell)$ 上で熱方程式

$$\frac{\partial u}{\partial t}(x,t) = a^2 \frac{\partial^2 u}{\partial x^2}(x,t) \quad (t>0) \tag{6.25}$$

を考える．

(ii) **（境界条件）** $u(0,t)=u(\ell,t)=0$ $(t>0)$ とする．

(iii) **（初期条件）** $[0,\ell]$ 上で，$u(x,0)=10\sin\frac{5\pi}{\ell}x$ とする．

熱方程式 (i) の解 $u(x,t)$ は，時刻 t に針金上の場所 x における温度を表した．温度を摂氏とすると，境界条件 (ii) は針金の両端（$x=0$ と $x=\ell$）を常に $0\,^\circ\mathrm{C}$ となるように装置を付けている状況である．初期条件 (iii) は，時刻 0 における針金上の各点 x における温度が $10\sin\frac{5\pi}{\ell}x$ となっていることを表す．たとえば，時刻 0 に場所 $x=\frac{\ell}{10}$ の温度は $10\,^\circ\mathrm{C}$，$x=\frac{\ell}{5}$ の温度は $0\,^\circ\mathrm{C}$，$x=\frac{3\ell}{10}$ の温度は $-10\,^\circ\mathrm{C}$ である．図 6.12 に問題 I (ii) と (iii) の状況のイメージ図を与える．偏微分方程式だけでなく，その境界条件も課したとき**境界値問題**といい，初期条件を課したとき**初期値問題**という．また，初期条件と境界条件をともに課したとき，**初期値・境界値問題**という．

●**注意**：境界条件に関してはいくつか種類がある．問題 I (ii) のように，境界上の温度を仮定する条件のことを**ディリクレ条件**という．そのなかでも，境界条件が 0 のとき**同次境界条件**といい，0 でないとき**非同次境界条件**という．境界上の $\frac{\partial u}{\partial x}(x,t)$ の値を定める条件のことを**ノイマン条件**という．たとえば，$\frac{\partial u}{\partial x}(0,t)=\frac{\partial u}{\partial x}(\ell,t)=0$ のとき，境界で温度の変化がない状態であり，これは境界に断熱材が付けられていることを意味する．

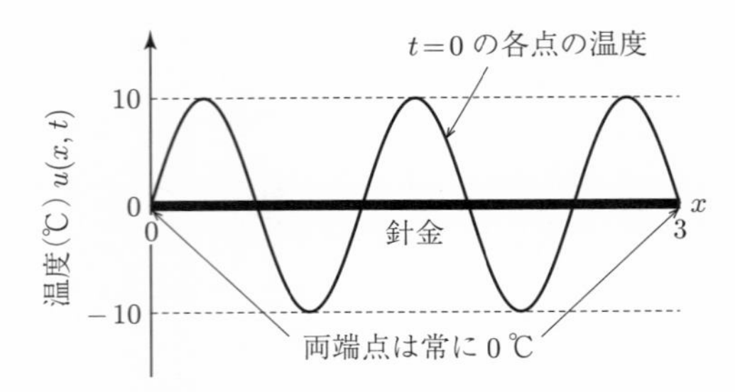

図 6.12 問題 I の境界条件 (ii)，初期条件 (iii) のイメージ（$\ell = 3$ のとき）

問題 I を解くことを考えていく．問題 I の解 $u(x,t)$ が，微分可能な 1 変数関数 $f(x)$，$g(t)$ の積で表せると（経験的に）予想して解いていく．つまり，$u(x,t) = f(x)g(t)$ と表せるとして，問題 I を $f(x)$，$g(t)$ を使って書き直し，条件を満たす解を得る．このように，解を変数ごとの関数の積として解く方法を**変数分離法**という．

次の 3 つのステップで問題 I の解を得る．

1) 問題 I (i), (ii) を $f(x)$，$g(t)$ を用いて書き換える．
2) ステップ 1 で書き換えた問題を解くことを考える．ただし，問題 I (iii) を満たす可能性がないものは残さない．
3) ステップ 2 の解で，問題 I (iii) を満たすものを考える．

ステップ 1 として，問題 I (i), (ii) を書き換える．まず，熱方程式 (6.25) を書き換える．解が $u(x,t) = f(x)g(t)$ と表せるとしているので，熱方程式 (6.25) の両辺はそれぞれ

$$\frac{\partial u}{\partial t}(x,t) = f(x)\frac{dg}{dt}(t), \qquad \frac{\partial^2 u}{\partial x^2}(x,t) = \frac{d^2 f}{dx^2}(x)g(t)$$

となる．したがって，

$$\frac{f''(x)}{f(x)} = \frac{1}{a^2}\frac{g'(t)}{g(t)}.$$

このとき，左辺に関係する変数は x のみで，右辺は t のみである．したがって，等号が恒等的に成り立つには両辺がそれぞれ同じ定数になっていなくてはならない．この定数を**分離定数**という．ここで C を分離定数（現段階では具体的に定まってない．後で解くうえで望ましいものを選べる自由度がある）とすると，

$$\frac{f''(x)}{f(x)} = C,\ \frac{1}{a^2}\frac{g'(t)}{g(t)} = C \quad \Longleftrightarrow \quad f''(x) = Cf(x),\ g'(t) = a^2 Cg(t).$$

これで，熱方程式 (6.25) を考えることは，

$$f''(x) = Cf(x), \quad g'(t) = a^2 Cg(t)$$

という 2 つの常微分方程式を解くことと同じになる．

次に，問題 I (ii) の $u(0,t) = u(\ell,t) = 0$ を書き換える．これは，$f(0)g(t) = f(\ell)g(t) = 0$ で，この関係が常に成り立つためには，$f(0) = f(\ell) = 0$ である．

これで問題 I (i), (ii) の書き換えが終わったのでまとめておく．

(i)′　（方程式の書き換え）$f''(x) = Cf(x)$，$g'(t) = a^2Cg(t)$.

(ii)′　（境界条件の書き換え）$f(0) = f(\ell) = 0$.

ここで注目してほしいことは，偏微分方程式の問題が，2 つの常微分方程式の問題に書き換わった点である．それにより，本書前半で学んだ常微分方程式の結果が使えることになる．

ステップ 2 として，書き換えた問題を解き，そのなかで問題 I (iii) を満たす可能性があるものに絞る．

まず，方程式の書き換え (i)′ は常微分方程式の結果を用いることで次のように得られる．$g'(t) = a^2Cg(t)$ の一般解は，1.2.1 項の例題 1.2.1 から $g(t) = De^{a^2Ct}$ となる．ただし，D は任意定数とする．$f''(x) = Cf(x)$ の一般解は，2.1 節の「定数係数の 2 階同次線形方程式の解の分類」から次のようになる．ただし，D_1，D_2 は任意定数とする．

- $C > 0$ のとき，$f(x) = D_1e^{\sqrt{C}x} + D_2e^{-\sqrt{C}x}$ となる．
- $C = 0$ のとき，$f(x) = D_1x + D_2$ となる．
- $C < 0$ のとき，$f(x) = D_1 \sin\sqrt{-C}x + D_2 \cos\sqrt{-C}x$ となる．

次に境界条件の書き換え (ii)′ を満たしつつ，問題 I (iii) も満たす可能性があるものを考える．

$C > 0$ のとき，$f(0) = 0$, $f(\ell) = 0$ はそれぞれ

$$D_1 + D_2 = 0, \quad D_1e^{\sqrt{C}\ell} + D_2e^{-\sqrt{C}\ell} = 0$$

となる．この連立方程式を解くと $D_1 = D_2 = 0$ となり，$f(x) \equiv 0$ となる．このとき $u(x,t) = f(x)g(t) \equiv 0$ となり問題 I (iii) を満たさなくなるため，解として不適切である．

$C = 0$ のとき，同様に $D_1 = D_2 = 0$ となり，解は $f(x) \equiv 0$ となる．このときも $u(x,t) \equiv 0$ となり，問題 I (iii) を満たさなくなるため，解として不適切である．

$C < 0$ のとき，

$$f(0) = D_2 = 0, \quad f(\ell) = D_1 \sin\sqrt{-C}\ell + D_2 \cos\sqrt{-C}\ell = 0$$

であるから，$D_2 = 0$ で，$D_1 \sin\sqrt{-C}\ell = 0$ でなくてはならないことがわかる．ここで，$\sin\sqrt{-C}\ell \neq 0$ のとき $D_1 = 0$ となるため，$f(x) \equiv 0$ となり問題 I (iii) を満たさない．$\sin\sqrt{-C}\ell = 0$ のとき，つまり

$$C = -\left(\frac{m\pi}{\ell}\right)^2 \quad (m \text{ は自然数}) \tag{6.26}$$

なら $D_1 \neq 0$ でよい．また，(6.26) の C は $C < 0$ となっている．よって，

$$f(x) = D_1 \sin\frac{m\pi}{\ell}x, \quad g(t) = De^{-(a\frac{m\pi}{\ell})^2 t} \tag{6.27}$$

が問題 I (iii) を満たす可能性があるものとして残る．

ステップ 3 として，問題 I (iii) を満たす解を考える．そのためには，

$$u(x, 0) = f(x)g(0) = DD_1 \sin\frac{m\pi}{\ell}x = 10\sin\frac{5\pi}{\ell}x$$

であればよい．したがって，まだ値が定まっていない定数をそれぞれ $DD_1 = 10$, $m = 5$ と選べばよいことがわかる．

以上のことから，考えている問題 I の解は

$$u(x, t) = f(x)g(t) = 10e^{-(a\frac{5\pi}{\ell})^2 t} \sin\frac{5\pi}{\ell}x \tag{6.28}$$

と求まる．

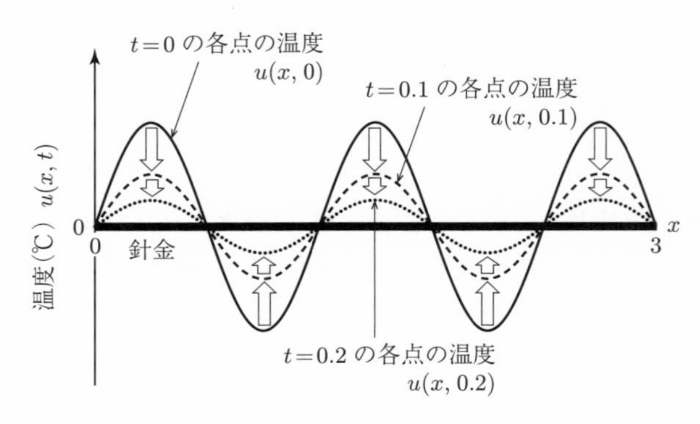

図 6.13 問題 I の解の時間による推移（$a = 0.5$, $\ell = 3$ のとき）

図 6.13 は，解 (6.28) の $t = 0,\ 0.1,\ 0.2$ のときのグラフである．時刻 0 の初期の温度から，境界で 0°C を保ちながら温度が高いところは熱が流出して徐々に低くなり，温度が低いところは熱が流入して徐々に高くなっていることがわかる．□

例題 6.4.1

(6.28) が問題 I の解になっていることを確かめよ．

【解答】 (6.28) を x で 2 回偏微分すると，

$$\frac{\partial^2 u}{\partial x^2}(x,t) = -10\left(\frac{5\pi}{\ell}\right)^2 e^{-(a\frac{5\pi}{\ell})^2 t} \sin\frac{5\pi}{\ell}x$$

となり，(6.28) を t で偏微分すると，

$$\frac{\partial u}{\partial t}(x,t) = -a^2 10\left(\frac{5\pi}{\ell}\right)^2 e^{-(a\frac{5\pi}{\ell})^2 t} \sin\frac{5\pi}{\ell}x$$

となる．よって，問題 I (i) の熱方程式 (6.25) を満たすことがわかる．

$u(0,t),\ u(\ell,t)$ を計算することで問題 I (ii) を満たすこと，$u(x,0)$ を計算することで問題 I (iii) を満たすことも容易に確かめられる．■

6.4.2　有限長の針金の熱方程式に対する初期値・境界値問題（簡単な場合）

ここでは，問題 I の初期条件 (iii) を少しだけ一般化した場合の熱方程式に対する初期値・境界値問題の解を考える．より一般化した場合は，次項で考える．

α を 0 ではない実数，β を自然数とする．問題 I の初期条件 (iii) を次の初期条件 (iii)′ とする．

(iii)′　$[0,\ell]$ 上で，$u(x,0) = \alpha \sin\frac{\beta\pi}{\ell}x$ とする．

初期条件 (iii) は，(iii)′ で $\alpha = 10,\ \beta = 5$ とした場合である．

問題 I (i), (ii) と初期条件 (iii)′ を満たす可能性のある解の導出まで（ステップ 2 まで）は (6.27) と同じである．上の初期条件 (iii)′ の書き換えを満たすためには，

$$u(x,0) = DD_1 \sin\frac{m\pi}{\ell}x = \alpha \sin\frac{\beta\pi}{\ell}x$$

であればよいので，$DD_1 = \alpha,\ m = \beta$ と選べばよい．

以上から，同次境界条件かつ初期条件が1つの正弦関数で表される場合の有限長の針金の熱方程式に対する初期値・境界値問題の解は次のように与えられる．

問題 I′：有限長の針金の熱方程式に対する初期値・境界値問題の解

有限長の針金の熱方程式に対する初期値・境界値問題（同次境界条件かつ初期条件が限定的な場合）

(i) （熱方程式） $\dfrac{\partial u}{\partial t}(x,t) = a^2\dfrac{\partial^2 u}{\partial x^2}(x,t) \quad (x \in (0,\ell),\ t>0),$

(ii) （境界条件） $u(0,t)=u(\ell,t)=0 \quad (t>0),$

(iii)′ （初期条件） $u(x,0)=\alpha\sin\frac{\beta\pi}{\ell}x \quad (x\in[0,\ell])$

の解は

$$u(x,t)=\alpha e^{-(a\frac{\beta\pi}{\ell})^2 t}\sin\frac{\beta\pi}{\ell}x \tag{6.29}$$

で与えられる．

6.4 節の問題

6.4.1 次の問題を考える．

(i) （熱方程式） $\dfrac{\partial u}{\partial t}(x,t) = 9\dfrac{\partial^2 u}{\partial x^2}(x,t) \quad (x \in (0,3),\ t>0),$

(ii) （境界条件） $u(0,t)=u(\ell,t)=0 \quad (t>0),$

(iii) （初期条件） $u(x,0)=30\sin\frac{2\pi}{3}x \quad (x\in[0,3])$

このとき，次の各問に答えよ．

(1) この問題の解を求めよ．

(2) 時刻 $t=\frac{1}{4\pi^2}$ の地点 $x=1$ における温度を求めよ．ただし，$\sqrt{3}=1.73$，$e^{-1}=0.368$ とせよ．

6.4.2 (6.29) が問題 I′ の解になっていることを示せ．

6.5　変数分離法 (II)（有限長の針金の熱方程式（より一般の場合））

ここでは，前項で学んだ有限長の針金の熱方程式に対する初期値・境界値問題を，より一般の設定で解く方法を述べる．具体的には，問題 I′ の初期条件を一般化した場合と境界条件を非同次とした場合を述べる．

6.5.1　解の重ね合わせの原理

まず，初期条件の一般化で用いる解の重ね合わせの原理について述べる．

解の重ね合わせの原理

2 つの関数 $\bar{u}(x,t)$, $\widetilde{u}(x,t)$ が，

(i)（**熱方程式**）$(0,\ell)$ 上の熱方程式

$$\frac{\partial u}{\partial t}(x,t) = a^2 \frac{\partial^2 u}{\partial x^2}(x,t) \quad (t > 0), \tag{6.30}$$

(ii)（**境界条件**）$u(0,t) = u(\ell,t) = 0 \quad (t > 0)$

を満たすとき，$u(x,t) = a_1\bar{u}(x,t) + a_2\widetilde{u}(x,t)$ も熱方程式 (i) と境界条件 (ii) を満たす．ただし，a_1, a_2 は実数とする．

熱方程式 (6.30) の左辺に $u(x,t)$ を代入すると，$\bar{u}(x,t)$, $\widetilde{u}(x,t)$ がともに熱方程式 (6.30) を満たすから，

$$\begin{aligned}\frac{\partial u}{\partial t}(x,t) &= a_1\frac{\partial \bar{u}}{\partial t}(x,t) + a_2\frac{\partial \widetilde{u}}{\partial t}(x,t)\\ &= a^2\left\{a_1\frac{\partial^2 \bar{u}}{\partial x^2}(x,t) + a_2\frac{\partial^2 \widetilde{u}}{\partial x^2}(x,t)\right\} = a^2\frac{\partial^2 u}{\partial x^2}(x,t)\end{aligned}$$

となり，熱方程式 (i) を満たすことがわかる．次に境界条件 (ii) は，やはり $\bar{u}(x,t)$, $\widetilde{u}(x,t)$ がともに境界条件 (ii) を満たすことから，$u(0,t) = a_1\bar{u}(0,t) + a_2\widetilde{u}(0,t) = 0$ となる．$u(\ell,t) = 0$ も同様に示せる．したがって，$u(x,t) = a_1\bar{u}(x,t) + a_2\widetilde{u}(x,t)$ も熱方程式 (i) と境界条件 (ii) を満たすことが確かめられた．ここでは，境界条件 (ii) が同次型であることがポイントになっていることに注意する．

このように，同じ偏微分方程式の 2 つの解の 1 次結合（線形結合）がふたたび同じ偏微分方程式の解になることを，解の**重ね合わせの原理**という．解の重ね合わせの原理は，3 つ以上の解の 1 次結合に対しても用いられる．

例題 6.5.1

次の有限長の針金の熱方程式に対する初期値・境界値問題の解を求めよ.

(i) (**熱方程式**) $(0,\ell)$ 上で熱方程式

$$\frac{\partial u}{\partial t}(x,t) = a^2 \frac{\partial^2 u}{\partial x^2}(x,t) \quad (t > 0), \tag{6.31}$$

(ii) (**境界条件**) $u(0,t) = u(\ell,t) = 0 \quad (t > 0)$,

(iii) (**初期条件**) $[0,\ell]$ 上で, $u(x,0) = 2\sin\frac{3\pi}{\ell}x - 3\sin\frac{5\pi}{\ell}x$.

【解答】 初期条件が 2 つの正弦関数で表されており, (6.29) では対応できない. そこで解の重ね合わせの原理を用いることを考える. 熱方程式 (i) と境界条件 (ii) は 6.4 節と同じである. したがって, 変数分離法を用いて問題の解が $u(x,t) = f(x)g(t)$ と表せると考える. 熱方程式 (i) と境界条件 (ii) を満たす 2 つの解 $\bar{u}(x,t)$, $\widetilde{u}(x,t)$ は, (6.27) より

$$\bar{u}(x,t) = E_m e^{-(a\frac{m\pi}{\ell})^2 t} \sin\frac{m\pi}{\ell}x,$$

$$\widetilde{u}(x,t) = E_n e^{-(a\frac{n\pi}{\ell})^2 t} \sin\frac{n\pi}{\ell}x$$

と表せる. ただし, m, n は自然数, E_m, E_n は実数とする. $\bar{u}(x,t)$, $\widetilde{u}(x,t)$ の個々では初期条件 (iii) を満たす解をみつけることができない. しかし, 解の重ね合わせをした $u(x,t) = \bar{u}(x,t) + \widetilde{u}(x,t)$ を考えると, これは問題の熱方程式 (i) と境界条件 (ii) を満たし, さらに $m = 3$, $n = 5$, $E_m = 2$, $E_n = -3$ とすれば初期条件 (iii) も満たすことがわかる. よって, 問題の解は

$$u(x,t) = 2e^{-(a\frac{3\pi}{\ell})^2 t} \sin\frac{3\pi}{\ell}x - 3e^{-(a\frac{5\pi}{\ell})^2 t} \sin\frac{5\pi}{\ell}x$$

となる. ■

6.5.2 有限長の針金の熱方程式に対する初期値・境界値問題（同次境界）

ここまでは初期条件が有限個の正弦関数の線形和で表される場合を考えた. ここでは, 6.5.1 項で学んだ解の重ね合わせの原理と 6.3.3 項で学んだフーリエ正弦級数展開を用いて, より複雑な初期条件に対して, 解の表現を考える.

次の有限長の針金の熱方程式の初期値・境界値問題の解（同次境界）を考え

る．$h(x)$ を $[0,\ell]$ 上で定義された区分的になめらかな関数とする．ただし，定数関数ではないとする．

問題 II：有限長の針金の熱方程式に対する初期値・境界値問題

有限長の針金の熱方程式に対する初期値・境界値問題（同次境界）

(i) （**熱方程式**） $(0,\ell)$ 上で熱方程式

$$\frac{\partial u}{\partial t}(x,t)=a^2\frac{\partial^2 u}{\partial x^2}(x,t)\quad(t>0)\tag{6.32}$$

を考える．

(ii) （**境界条件**） $u(0,t)=u(\ell,t)=0$ $(t>0)$ とする．

(iii) （**初期条件**） $[0,\ell]$ 上で，$u(x,0)=h(x)$ とする．

ここでも，変数分離法を用いる．6.4.1 項のステップ 2 まで行うと，

$$u_m(x,t)=E_m e^{-(a\frac{m\pi}{\ell})^2t}\sin\frac{m\pi}{\ell}x\tag{6.33}$$

を得る．ただし，m を自然数，E_m を実数とする．(6.33) では関数 u に m を添え字として付けている．これは問題 II (i), (ii) を満たす関数 $u_m(x,t)$ は m や E_m 次第でいろいろと考えられるためである．

(6.33) のままでは初期条件 (iii) が限定的な場合しか対応できない．ここで 6.5.1 項の解の重ね合わせの原理を用いた

$$u(x,t)=\sum_{m=1}^{\infty}E_m e^{-(a\frac{m\pi}{\ell})^2t}\sin\frac{m\pi}{\ell}x\tag{6.34}$$

も問題 II (i), (ii) を満たす関数である．

例題 6.5.2

例題 6.5.1 の解を (6.34) を用いて表すときの各 E_m を答えよ．

【**解答**】 $m=3,5$ のときそれぞれ $E_3=2$, $E_5=-3$ であり，$m\neq 3,5$ のとき $E_m=0$ である． ■

(6.34) で問題 II (iii) を満たす場合を考える．つまり，

$$\sum_{m=1}^{\infty}E_m\sin\frac{m\pi}{\ell}x=h(x)\tag{6.35}$$

を満たす E_m を考える．

$$E_m = \frac{2}{\ell}\int_0^{\ell} h(x)\sin\frac{m\pi}{\ell}x\,dx \tag{6.36}$$

とすれば，フーリエ正弦級数展開 (6.23) より，(6.35) が成り立つことがわかる．

問題 II：有限長の針金の熱方程式に対する初期値・境界値問題の解

有限長の針金の熱方程式に対する初期値・境界値問題（同次境界）の解は，

$$u(x,t) = \sum_{m=1}^{\infty} E_m e^{-(a\frac{m\pi}{\ell})^2 t}\sin\frac{m\pi}{\ell}x \tag{6.37}$$

で与えられる．ただし，E_m は (6.36) で定義される定数である．

例題 6.5.3

初期条件を $u(x,0) = h(x) = \begin{cases} 10x & (0 \leq x \leq \frac{\ell}{2}) \\ 10(\ell - x) & (\frac{\ell}{2} < x \leq \ell) \end{cases}$ としたときの問題 II の解を求めよ．

【解答】 $h(x)$ のフーリエ正弦級数展開の係数は，$E_m = -10\frac{4\ell}{(m\pi)^2}\sin\frac{m}{2}\pi$ と計算される（問題 6.3.2）．したがって，解は

$$u(x,t) = -\sum_{m=1}^{\infty}\frac{40\ell}{(m\pi)^2}e^{-(a\frac{m\pi}{\ell})^2 t}\sin\frac{m}{2}\pi\sin\frac{m\pi}{\ell}x \tag{6.38}$$

となる． ■

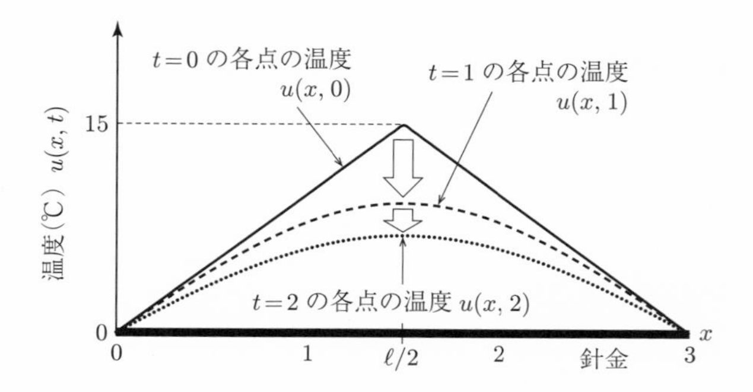

図 6.14 例題 6.5.3 の解の時間による推移（$a = 0.5$, $\ell = 3$ のとき）

図 6.14 では，例題 6.5.3 の解のグラフを与えている．時間とともに各地点 x の温度がどのように変化するかがわかる．ここでは高いところの温度が徐々に下がっていっていることがわかる．初期の温度がすべて 0°C 以上で，両端が 0°C より，温度がマイナスになることはない．また，時刻 0 では微分不可能な点があるが，時刻 $t>0$ では微分不可能な点がなくなっている．これも熱方程式の解の一つの特徴である．

6.5.3 有限長の針金の熱方程式に対する初期値・境界値問題（非同次境界）

ここまで，境界条件が 0（同次境界）のときのみを考えてきた．しかし，応用を考えるとより一般の境界条件をもつときの解が必要である．境界条件を一般化すると，解の重ね合わせの原理がそのままでは成り立たなくなる問題が生じる．そこを解決するために，非同次境界の問題を，同次境界の問題に書き換えることを考える．

次のような有限長の針金の熱方程式に対する初期値・境界値問題（非同次境界）を考える．α, β を実数，$h(x)$ を $[0,\ell]$ 上で定義された区分的になめらかな関数とする．ただし，定数関数ではないとする．

問題 II′：有限長の針金の熱方程式に対する初期値・境界値問題

有限長の針金の熱方程式に対する初期値・境界値問題（非同次境界）

(i) **（熱方程式）** $(0,\ell)$ 上で熱方程式

$$\frac{\partial u}{\partial t}(x,t)=a^2\frac{\partial^2 u}{\partial x^2}(x,t) \quad (t>0)$$

を考える．

(ii) **（境界条件）** $u(0,t)=\alpha$, $u(\ell,t)=\beta$ $(t>0)$ とする．

(iii) **（初期条件）** $[0,\ell]$ 上で，$u(x,0)=h(x)$ とする．

例題 6.5.4

$\alpha\neq 0$ とする．$u_1(x,t)$, $u_2(x,t)$ を，問題 II′ (i), (ii) を満たす関数とする．このとき，$u(x,t)=u_1(x,t)+u_2(x,t)$ が問題 II′ (i) を満たすが，問題 II′ (ii) を満たさないことを示せ．

【解答】 問題 II′ (i) を満たすことは，6.5.1 項の解の重ね合わせの原理と同じである．一方，$u(0,t) = u_1(0,t) + u_2(0,t) = 2\alpha$ となり，仮定から $\alpha \neq 0$ より，$u(x,t)$ は問題 II′ (ii) を満たさないことがわかる． ■

$u(x,t)$ を問題 II′ の解として，次のような関数 $v(x,t)$ を考える：

$$v(x,t) = u(x,t) - \left\{\alpha + (\beta-\alpha)\frac{x}{\ell}\right\}. \tag{6.39}$$

このとき，$v(x,t)$ は，問題 II′ (i) を満たす（問題 6.5.3）．

$$v(0,t) = u(0,t) - \alpha = 0, \quad v(\ell,t) = u(\ell,t) - \beta = 0$$

となり，同次境界となる．また，

$$v(x,0) = h(x) - \left\{\alpha + (\beta-\alpha)\frac{x}{\ell}\right\} \quad (= \bar{h}(x) \text{ とする})$$

という初期条件となる．つまり，$v(x,t)$ は有限長の針金の熱方程式に対する初期値・境界値問題（同次境界）（問題 II）を満たすこととなる．したがって，(6.37) より，$v(x,t)$ は

$$v(x,t) = \sum_{m=1}^{\infty} \bar{E}_m e^{-(a\frac{m\pi}{\ell})^2 t} \sin\frac{m\pi}{\ell}x$$

と表される．ただし，

$$\bar{E}_m = \frac{2}{\ell}\int_0^{\ell} \bar{h}(x)\sin\frac{m\pi}{\ell}x\,dx \tag{6.40}$$

とする．

以上から，次のように問題 II′ の解が与えられる．

問題 II′：有限長の針金の熱方程式に対する初期値・境界値問題の解

有限長の針金の熱方程式に対する初期値・境界値問題（非同次境界）の解は，

$$u(x,t) = \sum_{m=1}^{\infty} \bar{E}_m e^{-(a\frac{m\pi}{\ell})^2 t} \sin\frac{m\pi}{\ell}x + \left\{\alpha + (\beta-\alpha)\frac{x}{\ell}\right\} \tag{6.41}$$

で与えられる．ただし，$\bar{E}_m$ は (6.40) で定義される定数である．

6.5 節の問題

6.5.1　初期条件を $u(x,0)=h(x)=10x^2-10\ell x$ としたときの問題 II の解を求めよ．

6.5.2　境界条件を $u(0,t)=\alpha=10$, $u(\ell,t)=\beta=-10$, 初期条件を $u(x,0)=h(x)=\begin{cases} 10 & (0\le x\le \frac{\ell}{2}) \\ -10 & (\frac{\ell}{2}<x\le \ell) \end{cases}$ としたときの問題 II$'$ の解を求めよ．

6.5.3　(6.39) が熱方程式を満たすことを示せ．

6.5.4　(6.41) が問題 II$'$ の解になっていることを示せ．

●**注意**：問題 II の熱方程式に熱源を加えた，有限長の針金の熱方程式

$$\frac{\partial u}{\partial t}(x,t)=a^2\frac{\partial^2 u}{\partial x^2}(x,t)+f(x,t) \tag{6.42}$$

に対する初期値・境界値問題も解法が知られている．ただし，$f(x,t)$ は熱源となる 2 変数関数である．この場合，変数分離法を用いることができないため，**固有関数展開法**とよばれる解法が用いられる．熱源のない場合のステップ 2 までを満たす解 (6.34) と熱源のフーリエ正弦級数展開を方程式 (6.42) に代入し，1 階線形常微分方程式を得る．そこに問題の初期条件から得られる条件を加えた 1 階線形常微分方程式の初期値問題を解き，その解を用いてもともとの問題の解を得る方法である．

6.6 変数分離法 (Ⅲ)（有限長の弦の波動方程式）

6.4 節，6.5 節では，有限長の針金の熱方程式に対する初期値・境界値問題の解について述べた．そこでは，変数分離法が解法として用いられた．本節では，対象を波動方程式とし，有限長の弦の初期値・境界値問題の解の導出を学ぶ．ここでも，変数分離法が用いられる．

6.6.1 有限長の弦の波動方程式に対する初期値・境界値問題（同次境界・初期速度 0）

次の有限長の弦の波動方程式に対する初期値・境界値問題の解（同次境界・初期速度 0）を考える．$h(x)$ を $h(0) = h(\ell) = 0$ を満たす $[0, \ell]$ 上の区分的になめらかな連続関数とする．ただし，常に 0 ではないとする．

問題 III：有限長の弦の波動方程式に対する初期値・境界値問題

有限長の弦の波動方程式に対する初期値・境界値問題（同次境界・初期速度 0）

(i) （**波動方程式**） $(0, \ell)$ 上で波動方程式

$$\frac{\partial^2 u}{\partial t^2}(x,t) = a^2 \frac{\partial^2 u}{\partial x^2}(x,t) \quad (t > 0) \tag{6.43}$$

を考える．

(ii) （**境界条件**） $u(0,t) = u(\ell,t) = 0$ $(t \geq 0)$ とする．

(iii) （**初期条件**） $[0, \ell]$ 上で，$u(x,0) = h(x)$, $\frac{\partial u}{\partial t}(x,0) = 0$ とする．

問題 III の物理的状況は，長さ ℓ の弦の両端を高さ 0 で固定し，ピンと張った状態での弦の上下運動である．また，最初の弦の形は $h(x)$ である．熱方程式の初期値・境界値問題に対して初期条件に $\frac{\partial u}{\partial t}(x,0) = 0$ が加えられている．$\frac{\partial u}{\partial t}(x,0)$ は，初期の高さ（位置）$u(x,0)$ の時間に関する微分であるから，弦の上下運動の速さを表し，それが 0 ということである．つまり，時刻 0 に弦の形 $h(x)$ から静かに（速さ 0 で）弦を離すことを意味している．この設定で，時間と場所に応じて，弦の高さがどのように変化するかを考える．

ここでも変数分離法を用いる．$u(x,t) = f(x)g(t)$ と表せる解が得られるとする．アプローチも熱方程式のとき同様で，次の 3 つのステップで解を導出する．

1) 問題 III (i), (ii) を $f(x)$, $g(t)$ を用いて書き換える．
2) ステップ 1 で書き換えた問題を解くことを考える．ただし，問題 III (iii) を満たす可能性がないものは残さない．
3) ステップ 2 の解で，問題 III (iii) を満たすものを考える．

ステップ 1 として，問題 III (i) の書き換えを考える．波動方程式 (6.43) に $u(x,t) = f(x)g(t)$ を代入すると，

$$f(x)\frac{d^2g}{dt^2}(t) = a^2\frac{d^2f}{dx^2}(x)g(t) \quad \Longleftrightarrow \quad \frac{f''(x)}{f(x)} = \frac{1}{a^2}\frac{g''(t)}{g(t)}$$

となる．C を分離定数とすると，2 つの常微分方程式

$$f''(x) = Cf(x), \quad g''(t) = a^2Cg(t)$$

を得る．

次に，問題 III (ii) の境界条件 $u(0,t) = u(\ell,t) = 0$ の書き換えを考える．これは，同次境界のときの熱方程式とまったく同じであることから，書き換えは $f(0) = f(\ell) = 0$ となる．

問題 III (i), (ii) の書き換えをまとめると次のようになる．

(i)′ （方程式の書き換え）$f''(x) = Cf(x)$, $g''(t) = a^2Cg(t)$.

(ii)′ （境界条件の書き換え）$f(0) = f(\ell) = 0$.

次に**ステップ 2** として，書き換えた問題を解いていく．書き換えた (i)′ の 2 つの常微分方程式は，熱方程式のときに現れた $f(x)$ の常微分方程式と同じである（2.1 節の「定数係数の 2 階同次線形方程式の解の分類」）．したがって，分離定数に応じて次のような一般解を得る．

- $C > 0$ のとき，$f(x) = D_1e^{\sqrt{C}x} + D_2e^{-\sqrt{C}x}$,
  $g(t) = D_1'e^{a\sqrt{C}t} + D_2'e^{-a\sqrt{C}t}$.
- $C = 0$ のとき，$f(x) = D_1x + D_2$, $g(t) = D_1't + D_2'$.
- $C < 0$ のとき，$f(x) = D_1\sin\sqrt{-C}x + D_2\cos\sqrt{-C}x$,
  $g(t) = D_1'\sin a\sqrt{-C}t + D_2'\cos a\sqrt{-C}t$.

ただし，D_1, D_2, D_1', D_2' は任意定数とする．

初期条件 (iii) を満たすには，熱方程式のとき同様に，$C < 0$ で $D_2 = 0$ かつ $\sin\sqrt{-C}\ell = 0$ でなくてはならない（$C \geq 0$ が不適切であることは問題 6.6.3）．

つまり，$D_2 = 0$ かつ $C = -(\frac{m\pi}{\ell})^2$（$m$ は自然数）となる．したがって，熱方程式の書き換え (i)′ と境界条件の書き換え (ii)′ を満たす解で残るのは

$$f(x) = D_1 \sin\frac{m\pi}{\ell}x, \quad g(t) = D_1' \sin a\frac{m\pi}{\ell}t + D_2' \cos a\frac{m\pi}{\ell}t$$

となる．ここで，$E_m = D_1 D_2'$，$\bar{E}_m = D_1 D_1'$ として，関数 $u_m(x,t)$ を

$$u_m(x,t) = \sin\frac{m\pi}{\ell}x\left(E_m \cos a\frac{m\pi}{\ell}t + \widetilde{E}_m \sin a\frac{m\pi}{\ell}t\right)$$

とすると，$u_m(x,t)$ は問題 III (i), (ii) を満たす．波動方程式に対しても解の重ね合わせの原理が成り立つ（問題 6.6.4）．したがって，

$$u(x,t) = \sum_{m=1}^{\infty} \sin\frac{m\pi}{\ell}x\left(E_m \cos a\frac{m\pi}{\ell}t + \widetilde{E}_m \sin a\frac{m\pi}{\ell}t\right) \tag{6.44}$$

とすると，$u(x,t)$ も問題 III (i), (ii) を満たす．

ステップ 3 として，(6.44) に対して問題 III (iii) の初期条件を満たす場合を考える．(iii) の 1 つ目の条件は，(6.44) に $t = 0$ を代入したものが $h(x)$ になればよいから，

$$u(x,0) = \sum_{m=1}^{\infty} E_m \sin\frac{m\pi}{\ell}x = h(x) \tag{6.45}$$

となる E_m を考える．熱方程式のとき同様に，フーリエ正弦級数展開の係数から

$$E_m = \frac{2}{\ell}\int_0^{\ell} h(x) \sin\frac{m\pi}{\ell}x\,dx \tag{6.46}$$

と選べば (6.45) が成り立つ．次に，(iii) の 2 つ目の条件について考える．(6.44) を t で偏微分すると，

$$\frac{\partial u}{\partial t}(x,t) = \sum_{m=1}^{\infty} \sin\frac{m\pi}{\ell}x\left(a\frac{m\pi}{\ell}E_m \sin a\frac{m\pi}{\ell}t - a\frac{m\pi}{\ell}\widetilde{E}_m \cos a\frac{m\pi}{\ell}t\right)$$

となり，$t = 0$ を代入すると，

$$\frac{\partial u}{\partial t}(x,0) = \sum_{m=1}^{\infty} a\frac{m\pi}{\ell}\widetilde{E}_m \sin\frac{m\pi}{\ell}x \tag{6.47}$$

となる．これが常に 0 となるためには，すべての m に対して $\widetilde{E}_m = 0$ であればよい．

以上をまとめると，問題 III に対する解の表現は次のように得られる．

問題 III：有限長の弦の波動方程式に対する初期値・境界値問題の解

有限長の弦の波動方程式に対する初期値・境界値問題（同次境界・初期速度 0）の解は，

$$u(x,t) = \sum_{m=1}^{\infty} E_m \sin\frac{m\pi}{\ell}x \cos a\frac{m\pi}{\ell}t \tag{6.48}$$

で与えられる．ただし，E_m は (6.46) で定義される定数である．

例題 6.6.1

初期条件を $u(x,0) = h(x) = \frac{1}{4}x(\ell - x)$ としたときの問題 III の解を求めよ．

【解答】 $h(x) = \frac{1}{4}x(\ell - x)$ に対するフーリエ正弦級数展開の係数は，$E_m = \frac{\ell^2}{(m\pi)^3}(1 - \cos m\pi)$ となる．したがって，問題 III の解は

$$u(x,t) = \sum_{m=1}^{\infty} \frac{\ell^2}{(m\pi)^3}(1 - \cos m\pi) \sin\frac{m\pi}{\ell}x \cos a\frac{m\pi}{\ell}t \tag{6.49}$$

となる． ■

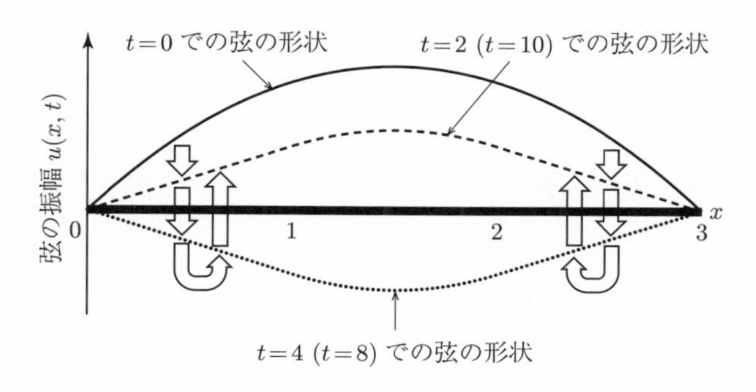

図 6.15 例題 6.6.1 の解の時間による推移（$a = 0.5$, $\ell = 3$ のとき）

図 6.15 では，例題 6.6.1 の問題で時間とともにどのように弦の形状が変化するかがわかる．両端が 0 で固定され，また初期条件ではすべての x で弦の振幅が正であるが，時間が経つと負の側にも振れているのがわかる．これは熱方程式とは異なる性質である．

6.6.2　有限長の弦の波動方程式の初期値・境界値問題（同次境界・初期速度あり）

前項では，初期条件として静止した状態からのスタート（$\frac{\partial u}{\partial t}(x,t)=0$）であった．これを一般化する．

次の有限長の弦の波動方程式の初期値・境界値問題の解（同次境界・初期速度あり）を考える．$h(x)$ を $h(0)=h(\ell)=0$ を満たす $[0,\ell]$ 上の区分的になめらかな連続関数とする．ただし，常に 0 ではないとする．また，$k(x)$ を $[0,\ell]$ 上の区分的になめらかな関数とする．

問題 III′：有限長の弦の波動方程式に対する初期値・境界値問題

有限長の弦の波動方程式に対する初期値・境界値問題（同次境界・初期速度あり）

(i)（**波動方程式**）$(0,\ell)$ 上で波動方程式

$$\frac{\partial^2 u}{\partial t^2}(x,t)=a^2\frac{\partial^2 u}{\partial x^2}(x,t)\quad (t>0) \tag{6.50}$$

を考える．

(ii)（**境界条件**）$u(0,t)=u(\ell,t)=0\ (t\geq 0)$ とする．

(iii)（**初期条件**）$[0,\ell]$ 上で，$u(x,0)=h(x)$, $\frac{\partial u}{\partial t}(x,0)=k(x)$ とする．

このとき，問題 III′ (i), (ii), (iii) の 1 つ目の条件までは問題 III と同じである．したがって，(6.44) で，E_m が (6.46) で定義される定数というところまでは同じである．次に，問題 III′ (iii) の 2 つ目の条件を満たす場合を考える．(6.47) より，

$$\frac{\partial u}{\partial t}(x,0)=\sum_{m=1}^{\infty}a\frac{m\pi}{\ell}\widetilde{E}_m\sin\frac{m\pi}{\ell}x=k(x) \tag{6.51}$$

が成り立てばよい．$a\frac{m\pi}{\ell}\widetilde{E}_m$ で m に依存した 1 つの定数と考え，フーリエ正弦級数展開の係数となれば (6.51) が成り立つことがわかる．したがって，

$$a\frac{m\pi}{\ell}\widetilde{E}_m=\frac{2}{\ell}\int_0^{\ell}k(x)\sin\frac{m\pi}{\ell}x\,dx$$

であればよい．よって，

$$\widetilde{E}_m=\frac{2}{am\pi}\int_0^{\ell}k(x)\sin\frac{m\pi}{\ell}x\,dx \tag{6.52}$$

と選べばよい．

以上より，問題 III′ に対する解の表現は次のように得られる．

問題 III′：有限長の弦の波動方程式に対する初期値・境界値問題の解

有限長の弦の波動方程式に対する初期値・境界値問題（同次境界・初期速度あり）の解は，

$$u(x,t) = \sum_{m=1}^{\infty} \sin \frac{m\pi}{\ell} x \left(E_m \cos a \frac{m\pi}{\ell} t + \widetilde{E}_m \sin a \frac{m\pi}{\ell} t \right) \quad (6.53)$$

で与えられる．ただし，E_m は (6.46) で，$\widetilde{E}_m$ は (6.52) で定義される定数である．

6.6 節の問題

6.6.1 初期条件を $u(x,0) = h(x) = x\left(x - \frac{\ell}{2}\right)(x - \ell)$ としたときの問題 III の解を求めよ．

6.6.2 初期条件を

$$u(x,0) = h(x) = 5 \sin \frac{2\pi}{\ell} x + 7 \sin \frac{5\pi}{\ell} x - 4 \sin \frac{3\pi}{\ell} x, \quad \frac{\partial u}{\partial t}(x,0) = k(x) = x$$

としたときの問題 III′ の解を求めよ．

6.6.3 154 ページの問題 III の書き換え (i)′, (ii)′ および問題 III (iii) を満たす解の表現を求めるとき，分離定数 $C \geq 0$ では不適切であることを示せ．

6.6.4 $u_1(x,t)$, $u_2(x,t)$ は問題 III (i), (ii) を満たす関数とする．このとき，$u_1(x,t) + u_2(x,t)$ も問題 III (i), (ii) を満たすことを示せ（解の重ね合わせの原理）．

●**注意**：本節では有限長の弦を考えた．ここで簡単に無限の長さをもつ場合の解を述べておく．$h_0(x), h_1(x)$ をなめらかな関数として，初期条件は $u(x,0) = h_0(x)$, $\frac{\partial u}{\partial t}(x,0) = h_1(x)$ とする．無限に長い弦の波動方程式の初期値問題の解は，

$$u(x,t) = \frac{1}{2}\left(h_0(x - at) + h_0(x + at) + \frac{1}{a} \int_{x-at}^{x+at} h_1(z)\, dz \right)$$

で与えられることが知られている．この解のことを**ストークスの公式**とよび，有限長の弦の波動方程式の初期値・境界値問題（問題 III）には適用できない．

6.7 フーリエ変換

本節では，フーリエ変換とよばれる変換とその性質を学ぶ．次節で，ここで学ぶフーリエ変換を用いて偏微分方程式を解く方法を紹介する．フーリエ変換は偏微分方程式を解くだけでなく，工学などの多くの分野で用いられる重要なテーマである．

6.7.1 フーリエ変換と逆フーリエ変換

$i=\sqrt{-1}$ とする．$f(x)$ を，$\int_{-\infty}^{\infty}|f(x)|\,dx<\infty$（**絶対可積分**）を満たす区分的になめらかな関数とする．この関数は，$\lim_{x\to\pm\infty} f(x)=0$ となっている．

フーリエ変換

$f(x)$ の**フーリエ変換**を，

$$\mathcal{F}[f(x)](\xi)=\frac{1}{\sqrt{2\pi}}\int_{-\infty}^{\infty} f(x)e^{-i\xi x}\,dx$$

と定義する．

$\mathcal{F}[f(x)](\xi)$ は，ξ を変数とする関数になっている．$\mathcal{F}[f(x)](\xi)$ の代わりに $\widehat{f}(\xi)$ と書くこともある[2)]．

●**注意**：フーリエ変換および以下で述べる逆フーリエ変換の定義で，テキストによっては定数 $\frac{1}{\sqrt{2\pi}}$ の扱いが異なるので注意すること．具体的な変換や逆変換の計算結果などはその分だけ異なる．フーリエ変換や逆フーリエ変換に関して別のテキストなどを調べるときは，そこで採用している定義がどのようになっているかの確認を忘れないでほしい．

例題 6.7.1

$f(x)=e^{-\alpha|x|}$（$\alpha>0$）のフーリエ変換を求めよ．

【解答】 まず，

2) フーリエ変換の定義のなかで複素数が関係する積分が現れているが，本書では i は定数と考えてもらって，実数値関数の積分のように計算してもらって大丈夫な程度にとどめる．複素数が関係する積分はいろいろと固有のおもしろい話があるので，詳しくは複素関数論のテキストなどで学んでいただきたい．

$$\lim_{x\to-\infty} e^{\alpha x}(\cos\xi x - i\sin\xi x) = 0, \quad \lim_{x\to\infty} e^{-\alpha x}(\cos\xi x - i\sin\xi x) = 0$$

であることに注意しておく．フーリエ変換の定義から，

$$\begin{aligned}\mathcal{F}[f(x)](\xi) &= \frac{1}{\sqrt{2\pi}}\int_{-\infty}^{\infty} e^{-\alpha|x|}e^{-i\xi x}dx \\ &= \frac{1}{\sqrt{2\pi}}\left\{\int_{-\infty}^{0} e^{(\alpha-i\xi)x}dx + \int_{0}^{\infty} e^{-(\alpha+i\xi)x}dx\right\} \\ &= \frac{1}{\sqrt{2\pi}}\left\{\left[\frac{e^{(\alpha-i\xi)x}}{\alpha-i\xi}\right]_{-\infty}^{0} + \left[-\frac{e^{-(\alpha+i\xi)x}}{\alpha+i\xi}\right]_{0}^{\infty}\right\} = \sqrt{\frac{2}{\pi}}\frac{\alpha}{\alpha^2+\xi^2}\end{aligned}$$

となる． ■

次に，逆フーリエ変換を定義する．$g(\xi)$ を絶対可積分で区分的になめらかな関数とする．

逆フーリエ変換

$g(\xi)$ の**逆フーリエ変換**を，

$$\mathcal{F}^{-1}[g(\xi)](x) = \frac{1}{\sqrt{2\pi}}\int_{-\infty}^{\infty} g(\xi)e^{ix\xi}\,d\xi$$

と定義する．

ここで，逆フーリエ変換 $\mathcal{F}^{-1}[g(\xi)](x)$ を，$\check{g}(x)$ と表すこともある．

$f(x)$ を，絶対可積分で区分的になめらかな関数とする．このとき，フーリエ変換と逆フーリエ変換には次の関係がある．

フーリエの反転公式

x が $f(x)$ の連続点のとき，

$$\mathcal{F}^{-1}\left[\mathcal{F}[f(x)](\xi)\right](x) = f(x)$$

となる（**フーリエの反転公式**）．

この関係は，関数 $f(x)$ をフーリエ変換し，続けて逆フーリエ変換すればもとの $f(x)$ にもどるということである．

●**注意**：x が $f(x)$ の不連続点のとき，$\mathcal{F}^{-1}\left[\mathcal{F}[f(x)](\xi)\right](x) = \frac{f(x+0)+f(x-0)}{2}$ となる．つまり，$f(x+0)$, $f(x-0)$ の中間点となる．

例題 6.7.2

α を 0 でない定数として，$g(\xi) = \sqrt{\frac{2}{\pi}}\frac{\alpha}{\alpha^2+\xi^2}$ の逆フーリエ変換を求めよ．

【解答】 例題 6.7.1 より，$\sqrt{\frac{2}{\pi}}\frac{\alpha}{\alpha^2+\xi^2}$ は $e^{-\alpha|x|}$ のフーリエ変換であった．また，$e^{-\alpha|x|}$ は $\int_{-\infty}^{\infty} e^{-\alpha|x|}dx < \infty$ を満たす区分的になめらかで，連続な関数であるから，フーリエの反転公式より

$$\mathcal{F}^{-1}\left[\sqrt{\frac{2}{\pi}}\frac{\alpha}{\alpha^2+\xi^2}\right](x) = \mathcal{F}^{-1}\left[\mathcal{F}\left[e^{-\alpha|x|}\right](\xi)\right](x) = e^{-\alpha|x|}$$

となる． ■

有名な関数に対するフーリエ変換の結果を表 6.1 に与える．本書では，必要に応じて表 6.1 のフーリエ変換と逆フーリエ変換の結果を用いることとする．

表 6.1 フーリエ変換の表

	$f(x)$	$\widehat{f}(\xi)$
(1)	1	$\sqrt{2\pi}\delta(\xi)$
(2)	$\delta(x)$	$\frac{1}{\sqrt{2\pi}}$
(3)	$\cos\alpha x$	$\sqrt{2\pi}\frac{\delta(\xi-\alpha)+\delta(\xi+\alpha)}{2}$
(4)	$\sin\alpha x$	$i\sqrt{2\pi}\frac{\delta(\xi+\alpha)-\delta(\xi-\alpha)}{2}$
(5)	$e^{-\alpha\|x\|}\ (\alpha>0)$	$\sqrt{\frac{2}{\pi}}\frac{\alpha}{\alpha^2+\xi^2}$
(6)	$\begin{cases} 1-\frac{\|x\|}{\alpha} & (\|x\|<\alpha) \\ 0 & (\text{その他}) \end{cases} \quad (\alpha>0)$	$\sqrt{\frac{2}{\pi}}\frac{2\sin(\frac{\alpha\xi}{2})}{\alpha\xi^2}$
(7)	$e^{-\frac{1}{2}\alpha^2x^2}\ (\alpha>0)$	$\frac{1}{\alpha}e^{-\frac{\xi^2}{2\alpha^2}}$

●**注意**：(1) 表 6.1 (2) の（ディラックの）**デルタ関数** $\delta(x)$ とは，任意の連続関数 $f(x)$ に対して，

$$\int_{-\infty}^{\infty} f(x)\delta(x)\,dx = f(0) \tag{6.54}$$

を満たすものである．詳細は述べないが，ディラックのデルタ関数は形式的に
$\delta(x) = \begin{cases} 0 & (x \neq 0) \\ \infty & (x = 0) \end{cases}$ と表され，これまでに学んだ関数とは性質が大きく異なるものであることだけは注意しておく（正確には，従来の関数ではなく，超関数とよばれるものである）．

(2) 表 6.1 の中には絶対可積分や区分的になめらかなどの仮定を満たさない場合もあるが，そのような仮定を満たさなくても計算できるものもある．詳しくは，フーリエ解析のテキストを参照されたい．

6.7.2　フーリエ変換の性質

本項では，次節で必要となるフーリエ変換の性質について述べておく．

フーリエ変換の性質 1（線形性）

α, β を定数，$f(x)$, $g(x)$ を絶対可積分で区分的になめらかな関数とする．このとき，

$$\mathcal{F}[\alpha f(x) + \beta g(x)](\xi) = \alpha\mathcal{F}[f(x)](\xi) + \beta\mathcal{F}[g(x)](\xi),$$

$$\mathcal{F}^{-1}[\alpha f(\xi) + \beta g(\xi)](x) = \alpha\mathcal{F}^{-1}[f(\xi)](x) + \beta\mathcal{F}^{-1}[g(\xi)](x)$$

が成り立つ．

これは定義から容易にわかる．

フーリエ変換の性質 2（導関数のフーリエ変換）

$f(x)$ を 2 回連続微分可能な関数で，導関数も含めて絶対可積分とする．このとき，

$$\mathcal{F}\left[\frac{df}{dx}(x)\right](\xi) = i\xi\mathcal{F}[f(x)](\xi), \quad \mathcal{F}\left[\frac{d^2 f}{dx^2}(x)\right](\xi) = -\xi^2\mathcal{F}[f(x)](\xi)$$

が成り立つ．

これはフーリエ変換の定義に，部分積分法を用いることで示される．この性質は，もとの関数は導関数であったが（(左辺) の [ ] の中），フーリエ変換すると

微分が関係しない式（右辺）になる．次節でフーリエ変換を用いて偏微分方程式を解く際に，この性質が重要な役割を果たす．

$u(x,t)$ という 2 変数関数の場合を考えてみる．t を定数のように考えて，$\frac{\partial u}{\partial x}(x,t)$, $\frac{\partial^2 u}{\partial x^2}(x,t)$ の x に関するフーリエ変換は，それぞれ

$$\mathcal{F}\left[\frac{\partial u}{\partial x}(x,t)\right](\xi) = i\xi\mathcal{F}[u(x,t)](\xi), \quad \mathcal{F}\left[\frac{\partial^2 u}{\partial x^2}(x,t)\right](\xi) = -\xi^2\mathcal{F}[u(x,t)](\xi)$$

となる．一方で，$\frac{\partial u}{\partial t}(x,t)$, $\frac{\partial^2 u}{\partial t^2}(x,t)$ の x に関するフーリエ変換は，

$$\mathcal{F}\left[\frac{\partial u}{\partial t}(x,t)\right](\xi) = \frac{\partial}{\partial t}\mathcal{F}\left[u(x,t)\right](\xi),$$

$$\mathcal{F}\left[\frac{\partial^2 u}{\partial t^2}(x,t)\right](\xi) = \frac{\partial^2}{\partial t^2}\mathcal{F}\left[u(x,t)\right](\xi)$$

となり，t に関する偏微分が消えないことを注意しておく．

次に，たたみ込みとよばれるものの定義を与える．$f(x)$, $g(x)$ を絶対可積分な関数とする．

たたみ込み（合成積）

$$f * g(x) = \frac{1}{\sqrt{2\pi}}\int_{-\infty}^{\infty} f(x-u)g(u)\,du$$

を $f(x)$, $g(x)$ の**たたみ込み（合成積）**という．

$f * g(x)$ はふたたび関数になっていることに注意する．また，定義から容易に $f * g(x) = g * f(x)$ であることもわかる．

例題 6.7.3

$f(x) = x^2$, $g(x) = e^{-\frac{x^2}{2}}$ のとき，たたみ込み $f * g(x)$ を求めよ．ただし，$\int_{-\infty}^{\infty} \frac{1}{\sqrt{2\pi}}e^{-\frac{x^2}{2}}\,dx = 1$ である．

【解答】 部分積分法や $\lim_{x\to\pm\infty} xe^{-\frac{x^2}{2}} = 0$（ロピタルの定理を用いて示せる）などを用いると，

$$f * g(x) = \frac{1}{\sqrt{2\pi}}\int_{-\infty}^{\infty} (x-u)^2 e^{-\frac{u^2}{2}}\,du = x^2 + 1$$

と求まる． ■

たたみ込みに対するフーリエ変換の性質として次のものを紹介する．

フーリエ変換の性質 3（たたみ込みのフーリエ変換）

$f(x)$，$g(x)$ を絶対可積分で区分的になめらかな関数とする．このとき，

$$\mathcal{F}\left[f * g(x)\right](\xi) = \mathcal{F}[f(x)](\xi)\mathcal{F}[g(x)](\xi)$$

が成り立つ．

フーリエ変換とたたみ込みの定義および，$x - u = y$ とした置換積分法を用いると，

$$\begin{aligned}
\mathcal{F}\left[f * g(x)\right](\xi) &= \frac{1}{\sqrt{2\pi}}\int_{-\infty}^{\infty}\frac{1}{\sqrt{2\pi}}\int_{-\infty}^{\infty} f(x-u)g(u)\,du\,e^{-i\xi x}\,dx \\
&= \frac{1}{\sqrt{2\pi}}\int_{-\infty}^{\infty}\frac{1}{\sqrt{2\pi}}\int_{-\infty}^{\infty} f(y)e^{-i\xi y}\,dy\,g(u)e^{-i\xi u}\,du \\
&= \mathcal{F}[f(x)](\xi)\mathcal{F}[g(x)](\xi)
\end{aligned}$$

となり示される．

なお，性質 3 に逆フーリエ変換を用いることで，

$$\begin{aligned}
f * g(x) &= \mathcal{F}^{-1}\left[\mathcal{F}[f * g(x)](\xi)\right](x) \\
&= \mathcal{F}^{-1}\left[\mathcal{F}[f(x)](\xi)\mathcal{F}[g(x)](\xi)\right](x) \qquad (6.55)
\end{aligned}$$

となる．

●**注意**：関数 $f(x), g(x)$ の通常の積に対するフーリエ変換は，$\mathcal{F}[f(x)g(x)](\xi) \neq \mathcal{F}[f(x)](\xi)\mathcal{F}[g(x)](\xi)$ である．

6.7 節の問題

6.7.1 次の関数のフーリエ変換を求めよ．

(1) $f(x) = \begin{cases} \frac{1}{\alpha} & (-\frac{\alpha}{2} \leq x \leq \frac{\alpha}{2}) \\ 0 & (x < -\frac{\alpha}{2},\ \frac{\alpha}{2} < x) \end{cases} \quad (\alpha > 0)$

(2) $f(x) = e^{i\alpha x}$（α は実数）

6.7.2 $g(\xi) = \delta(\xi)$ の逆フーリエ変換を求めよ．

6.7.3 関数 $f(x)$ のフーリエ変換を $\widehat{f}(\xi)$ とする．α を実数とし，$f(x-\alpha)$ のフーリエ変換を $\widehat{f}(\xi)$ を用いて表せ．

6.7.4 関数 $f(x) = \begin{cases} 1 & (-1 \leq x \leq 1) \\ 0 & (x < -1,\ 1 < x) \end{cases}$，$g(x) = \begin{cases} e^{-x} & (x \geq 0) \\ 0 & (x < 0) \end{cases}$ のたたみ込みを求めよ．

6.8 フーリエ変換を用いた解法

本節では，前節で学んだフーリエ変換を用いた偏微分方程式の解法を紹介する．扱う問題は，無限長の針金の熱方程式と上半平面上のラプラス方程式である．

6.8.1 無限長の針金の熱方程式の初期値問題

次の無限長の針金の熱方程式の初期値問題の解を考える．$h(x)$ を絶対可積分で区分的になめらかな関数とする．ただし，常に 0 ではないとする．

問題 IV：無限長の針金の熱方程式に対する初期値問題

(i) （**熱方程式**） $(-\infty,\infty)$ 上の熱方程式

$$\frac{\partial u}{\partial t}(x,t)=a^2\frac{\partial^2 u}{\partial x^2}(x,t)\quad (t>0) \tag{6.56}$$

を考える．

(ii) （**初期条件**） $(-\infty,\infty)$ 上で，$u(x,0)=h(x)$ とする．

問題 IV の物理的状況は，無限の長さをもつ針金上に，時刻 0 での各点の温度が $h(x)$ になっている状態からスタートし，時間とともに各点の温度がどのように変化していくかを考えている．

解くためのアイデアは，次の 3 つのステップである（図 6.16）．

1) 熱方程式の x に関するフーリエ変換を考えることで偏微分方程式を常微分方程式に書き換える．
2) ステップ 1 で得られた常微分方程式を解く．
3) ステップ 2 で得られた解を逆フーリエ変換でもどす．

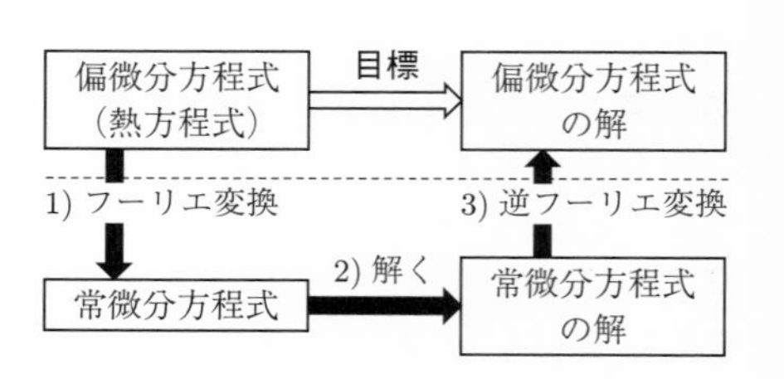

図 6.16 フーリエ変換を用いた解法の手順（上段はもとの状況，下段はフーリエ変換された状況）

ステップ 1 として，問題 IV (i) の熱方程式の x に関するフーリエ変換を考える．熱方程式 (6.56) の両辺を x に関してフーリエ変換をし，6.7.2 項のフーリエ変換の性質 1, 2 を用いると，

$$\mathcal{F}\left[\frac{\partial u}{\partial t}(x,t)\right](\xi) = \mathcal{F}\left[a^2\frac{\partial^2 u}{\partial x^2}(x,t)\right](\xi)$$

$$\iff \quad \frac{\partial}{\partial t}\mathcal{F}\left[u(x,t)\right](\xi) = -a^2\xi^2\mathcal{F}\left[u(x,t)\right](\xi) \tag{6.57}$$

となる．$\mathcal{F}[u(x,t)](\xi)$ を (ξ,t) を変数とした関数と考えると，t の偏微分のみ現れる方程式となっている．これは ξ を固定して考えると常微分方程式である．また，$\widehat{h}(\xi)$ を，問題 IV (ii) の初期条件のフーリエ変換 $\mathcal{F}[h(x)](\xi)$ とする．

ステップ 2 として，方程式 (6.57) を t を変数として解く．1.2.1 項の例題 1.2.1 より，

$$\mathcal{F}\left[u(x,t)\right](\xi) = Ce^{-a^2\xi^2 t}$$

となる．ここで，ξ に依存していてもよい任意定数 C は，初期条件から，

$$\mathcal{F}\left[u(x,0)\right](\xi) = C = \widehat{h}(\xi)$$

となる．よって，方程式 (6.57) の解として

$$\mathcal{F}\left[u(x,t)\right](\xi) = \widehat{h}(\xi)e^{-a^2\xi^2 t}$$

を得る．

ステップ 3 として，得られた $\mathcal{F}\left[u(x,t)\right](\xi)$ の逆フーリエ変換を求めることで，6.7.1 項のフーリエの反転公式から $u(x,t)$ が得られる．表 6.1 (8) より $e^{-a^2\xi^2 t}$ は $\sqrt{\frac{1}{2a^2t}}e^{-\frac{x^2}{4a^2t}}$ （$= p(x)$ とする）のフーリエ変換であるから，

$$\begin{aligned}
u(x,t) &= \mathcal{F}^{-1}\left[\widehat{h}(\xi)e^{-a^2\xi^2 t}\right](x) \\
&= \mathcal{F}^{-1}\left[\mathcal{F}[h(x)](\xi)\mathcal{F}\left[\sqrt{\frac{1}{2a^2t}}e^{-\frac{x^2}{4a^2t}}\right](\xi)\right](x) \\
&= \mathcal{F}^{-1}\Big[\mathcal{F}[h(x)](\xi)\mathcal{F}\left[p(x)\right](\xi)\Big](x)
\end{aligned}$$

となる．6.7.2 項のフーリエ変換の性質 3 より，

$$\begin{aligned}
\mathcal{F}^{-1}\Big[\mathcal{F}[h(x)](\xi)\mathcal{F}\left[p(x)\right](\xi)\Big](x) &= p * h(x) \\
&= \frac{1}{2\sqrt{\pi a^2 t}}\int_{-\infty}^{\infty} e^{-\frac{(x-z)^2}{4a^2t}}h(z)\,dz
\end{aligned}$$

となる．あとは，与えられた初期条件，つまり $h(x)$ に応じて積分を計算すればよい．

以上より，問題 IV に対する解の表現は次のように得られる．

問題 IV：無限長の針金の熱方程式に対する初期値問題の解

無限長の針金の熱方程式に対する初期値問題の解は，

$$u(x,t) = \frac{1}{2\sqrt{\pi a^2 t}} \int_{-\infty}^{\infty} e^{-\frac{(x-z)^2}{4a^2 t}} h(z)\, dz \tag{6.58}$$

で与えられる．

●**注意**：(6.58) に現れる関数 $\frac{1}{2\sqrt{\pi a^2 t}} e^{-\frac{x^2}{4a^2 t}}$ を熱方程式の**基本解**といい，これは，初期条件 $h(x)$ と基本解のたたみ込みとみることもできる．

例題 6.8.1

初期条件を $u(x,0) = \delta(x)$（ディラックのデルタ関数）としたのときの無限長の針金の熱方程式に対する初期値問題（問題 IV）の解を求めよ．ただし，$h(x) = \delta(x)$ でも (6.58) が成り立つとしてよい．

【解答】 6.7.2 項のディラックのデルタ関数の定義 (6.54) より，

$$u(x,t) = \frac{1}{2\sqrt{\pi a^2 t}} \int_{-\infty}^{\infty} e^{-\frac{(x-z)^2}{4a^2 t}} \delta(z)\, dz = \frac{1}{2\sqrt{\pi a^2 t}} e^{-\frac{x^2}{4a^2 t}}$$

が問題 IV の解となる．この解が熱方程式を満たすことは 6.1.2 項の例題 6.1.3 で確認した． ■

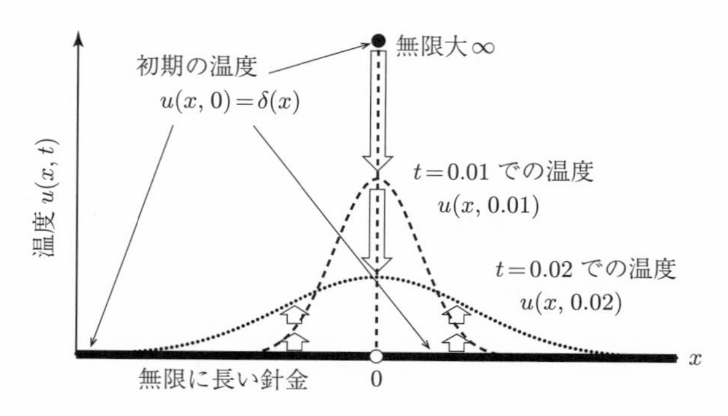

図 6.17 例題 6.8.1 の解の時間による推移（$a = 0.5$ のとき）

図 6.17 では，例題 6.8.1 で熱の状態が時間とともにどのように変化するかを表している．時刻 0 に無限大の温度であった地点 $x = 0$ の熱が直ちに全体に広がる．また，初期時刻にディラックのデルタ関数という少し変わった状態である温度の分布が，$t > 0$ ですべての地点 x に関して微分可能な状況になっている．これは熱方程式の解の特徴の一つとして知られている．

6.8.2 上半平面上におけるラプラス方程式の境界値問題

本項では，これまで解を求めていなかったラプラス方程式の解を導出する．とくに，上半平面上のラプラス方程式の境界値問題の解を考える．$h(x)$ を絶対可積分で区分的になめらかな関数とする．ただし，常に 0 ではないとする．

問題 IV′：上半平面上のラプラス方程式に対する境界値問題

(i) **（ラプラス方程式）** 上半平面 $-\infty < x < \infty$，$y > 0$ 上のラプラス方程式

$$\frac{\partial^2 u}{\partial x^2}(x, y) + \frac{\partial^2 u}{\partial y^2}(x, y) = 0 \tag{6.59}$$

を考える．

(ii) **（境界条件）** $(-\infty, \infty)$ 上で，$u(x, 0) = h(x)$ とする．

ラプラス方程式では時間の概念がなくなるため初期条件はない．問題 IV′ は $y = 0$ の境界の温度を常に $h(x)$ としたときの熱平衡状態で，地点 (x, y) $(y \geq 0)$ での温度がどのようになっているかを表している．

この問題 IV′ を，フーリエ変換を用いた方法で解いていく．無限長の熱方程式と同様に，次の 3 つのステップである．

1) ラプラス方程式 (6.59) の x に関するフーリエ変換を考えることで偏微分方程式を常微分方程式に書き換える．
2) ステップ 1 で得られた常微分方程式を解く．
3) ステップ 2 で得られた解を逆フーリエ変換でもどす．

ステップ 1 として，問題 VI′ (i) のラプラス方程式 (6.59) の両辺を x に関するフーリエ変換し，6.7.1 項のフーリエ変換の性質 1, 2 を用いると，

$$\mathcal{F}\left[\frac{\partial^2 u}{\partial x^2}(x, y) + \frac{\partial^2 u}{\partial y^2}(x, y)\right](\xi) = 0$$

$$\iff \quad -\xi^2 \mathcal{F}[u(x,y)](\xi) + \frac{\partial^2}{\partial y^2}\mathcal{F}[u(x,y)](\xi) = 0 \tag{6.60}$$

となる.

ステップ 2 として，常微分方程式 (6.60) の解を考える．ξ を定数のように扱い，$\xi \neq 0$ のとき，方程式 $\frac{\partial^2}{\partial y^2}\mathcal{F}[u(x,y)](\xi) = \xi^2 \mathcal{F}[u(x,y)](\xi)$ の解は，$\xi^2 > 0$ であるから 2.1 節の「定数係数の 2 階同次線形方程式の解の分類」より，

$$\mathcal{F}[u(x,y)](\xi) = D_1 e^{|\xi|y} + D_2 e^{-|\xi|y}$$

となる．ただし，D_1, D_2 は任意定数（ξ に依存していてもよい）である．いま，$y > 0$ で考えているため，$y \to \infty$ となりえて，このとき $e^{|\xi|y} \to \infty$ となる．したがって，$D_1 = 0$ でなくてはならない．また，問題 VI′ の境界条件 (ii) のフーリエ変換

$$\mathcal{F}[u(x,0)](\xi) = \widehat{h}(\xi)$$

を満たすためには，$D_2 = \widehat{h}(\xi)$ でなくてはならない．よって，

$$\mathcal{F}[u(x,y)](\xi) = \widehat{h}(\xi) e^{-|\xi|y} \tag{6.61}$$

となる．$\xi = 0$ の場合は，次の逆フーリエ変換で 1 点での積分となり，結果に影響を与えないため省略する．

ステップ 3 として，(6.61) の逆フーリエ変換を考える．表 6.1 (5) より，$e^{-|\xi|y} = \mathcal{F}\left[\sqrt{\frac{2}{\pi}}\frac{y}{x^2+y^2}\right](\xi)$ である．6.7.1 項のフーリエの反転公式を用いると，

$$\begin{aligned} u(x,y) &= \mathcal{F}^{-1}\left[\mathcal{F}[h](\xi)e^{-|\xi|y}\right](x) \\ &= \mathcal{F}^{-1}\left[\mathcal{F}[h](\xi)\mathcal{F}\left[\sqrt{\frac{2}{\pi}}\frac{y}{x^2+y^2}\right](\xi)\right](x) \end{aligned}$$

となる．6.7.2 項のフーリエ変換の性質 3 より，

$$\begin{aligned} &\mathcal{F}^{-1}\left[\mathcal{F}[h](\xi)\mathcal{F}\left[\sqrt{\frac{2}{\pi}}\frac{y}{x^2+y^2}\right](\xi)\right](x) \\ &\qquad = \frac{1}{\sqrt{2\pi}}\int_{-\infty}^{\infty} h(z)\sqrt{\frac{2}{\pi}}\frac{y}{(x-z)^2+y^2}\,dz \\ &\qquad = \frac{y}{\pi}\int_{-\infty}^{\infty}\frac{h(z)}{(x-z)^2+y^2}\,dz \end{aligned}$$

となる．あとは，熱方程式のときと同様に，境界条件 $h(x)$ に応じて積分を計算すればよい．

以上より，問題 IV′ に対する解の表現は次のように得られる．

問題 IV′：上半平面上のラプラス方程式に対する境界値問題の解

上半平面上のラプラス方程式に対する境界値問題の解は，

$$u(x,y)=\frac{y}{\pi}\int_{-\infty}^{\infty}\frac{h(z)}{(x-z)^2+y^2}\,dz \tag{6.62}$$

で与えられる．

6.8 節の問題

6.8.1 初期条件を $u(x,0)=h(x)=e^{-x^2}$ としたときの問題 IV の解を求めよ．

6.8.2 境界条件を $u(x,0)=h(x)=\begin{cases}1 & (-1\leq x\leq 1)\\ 0 & (x<-1,\ 1<x)\end{cases}$ としたときの問題 IV′ の解を求めよ．

6.8.3 (6.62) がラプラス方程式を満たすことを示せ．ただし，微分と積分の順序交換可能とする．

●**注意**：ラプラス方程式の解に関しては上半平面上の場合のみ考えたが，他にもいろいろな領域での解が知られている．たとえば，半径 $R>0$ の円板上のラプラス方程式の解も知られている．極座標 $x=r\cos\theta,\ y=r\sin\theta$ $(0\leq r\leq R,\ 0\leq\theta<2\pi)$ とし，$v(r,\theta)=u(r\cos\theta,r\sin\theta)$ と変数変換すると，円板上のラプラス方程式の境界値問題は次のように書ける：

(i) （**ラプラス方程式**） $\dfrac{\partial^2 v}{\partial r^2}(r,\theta)+\dfrac{1}{r}\dfrac{\partial v}{\partial r}(r,\theta)+\dfrac{1}{r^2}\dfrac{\partial^2 v}{\partial\theta^2}(r,\theta)=0,$

(ii) （**境界条件**） $v(R,\theta)=h(\theta)$．ただし，$h(\theta)$ は θ に関する関数（r には依存していない）とする．

このとき，r と θ に関して変数分離法を用いると，この解は

$$v(r,\theta)=\frac{1}{2\pi}\int_0^{2\pi}\left\{\frac{R^2-r^2}{R^2-2Rr\cos(\theta-z)+r^2}\right\}h(z)\,dz$$

となることが知られている（**ポアソンの積分公式**）．

問 題 略 解

● 0.1 節

0.1.1 (1) $y' = 200(2x-3)^{99}$　(2) $y' = 4xe^{2x^2}$　(3) $y' = e^x(\cos x - \sin x)$

(4) $y' = \dfrac{-x^2-2x}{(x^2+x+1)^2}$

0.1.2 $u'(x) = \dfrac{xf'(x) - f(x)}{x^2}$

0.1.3 (1) $f'(x) = \cos x = \sin\left(x + \frac{\pi}{2}\right)$ より $f^{(n)}(x) = \sin\left(x + \frac{n\pi}{2}\right)$.

(2) $g^{(n)}(x) = \sum_{k=0}^{n} {}_n\mathrm{C}_k \left(\dfrac{d^k}{dx^k}x^2\right)\left(\dfrac{d^{n-k}}{dx^{n-k}}e^x\right) = \{x^2 + 2nx + n(n-1)\}e^x$

0.1.4 $\dfrac{dy}{dx} = -\dfrac{3x^2+y}{x+e^y}$

● 0.2 節

積分定数を C とする.

0.2.1 (1) $\frac{2}{3}x^{3/2} + 2\sqrt{x} + C$　(2) $\frac{3}{10}(2x+1)^{\frac{5}{3}} + C$　(3) $\frac{1}{3}\cos(2-3x) + C$

(4) $\frac{1}{\log 2}2^x + C$

0.2.2 (1) $\frac{1}{21}\log|2+3x^7| + C$　(2) $\frac{1}{4}e^{2x^2} + C$

0.2.3 (1) $(2-x^2)\cos x + 2x\sin x$　(2) $x\log x - x + C$

0.2.4 (1) $-\frac{1}{3}\log|1-3x| + C$

(2) (与式) $= \dfrac{1}{5}\displaystyle\int\left(\dfrac{-1}{x+4} + \dfrac{1}{x-1}\right)dx = \dfrac{1}{5}\log\left|\dfrac{x-1}{x+4}\right| + C$

0.2.5 (与式) $= \lim_{L\to\infty}(-e^{-L} + e^0) = 1$

● 0.3 節

0.3.1 (1) $\begin{bmatrix}5\\4\end{bmatrix}$　(2) $\begin{bmatrix}-3\\-5\end{bmatrix}$　(3) $\begin{bmatrix}-1\\-6\end{bmatrix}$　(4) $\begin{bmatrix}-5\\-17\end{bmatrix}$

0.3.2 (1) $\begin{bmatrix}2 & 4 & 6\\6 & 4 & 2\end{bmatrix}$　(2) $\begin{bmatrix}-2 & 1 & 2\\4 & -1 & -1\end{bmatrix}$　(3) $\begin{bmatrix}-1 & 3 & 5\\7 & 1 & 0\end{bmatrix}$

(4) $\begin{bmatrix}-4 & 12 & 8\\10 & 10 & -6\end{bmatrix}$　(5), (6) $\begin{bmatrix}0 & 5 & 2\\1 & 6 & -2\end{bmatrix}$

0.3.3 (1) $\begin{bmatrix} 6 & -3 \\ 6 & 2 \end{bmatrix}$ (2) $\begin{bmatrix} 6 & -2 \\ 9 & 2 \end{bmatrix}$ (3), (6) $\begin{bmatrix} -9 & 12 & 14 \\ 9 & 0 & 12 \end{bmatrix}$

(4) $\begin{bmatrix} -3 & 6 & 9 \\ 8 & -4 & 2 \end{bmatrix}$ (5) $\begin{bmatrix} -6 & 6 & 5 \\ 1 & 4 & 10 \end{bmatrix}$

0.3.4 $AB = [0\ \ 2]$, $AC = [8]$, $BC = \begin{bmatrix} -8 \\ -1 \end{bmatrix}$, $CA = \begin{bmatrix} 2 & -4 \\ -3 & 6 \end{bmatrix}$

0.3.5 $A^{-1} = \begin{bmatrix} 5/7 & -3/7 \\ -1/7 & 2/7 \end{bmatrix}$

● 0.4 節

0.4.1 略

0.4.2 (1) c_1, c_2 を実数とし，$c_1\boldsymbol{x}_1 + c_2\boldsymbol{x}_2 = \boldsymbol{0}$ が成り立つとする．このベクトルの関係式は $\begin{cases} c_1 + c_2 = 0 \\ c_1 - c_2 = 0 \end{cases}$ と同値である．これを c_1, c_2 に関する連立 1 次方程式と考えて解くと，解は $c_1 = c_2 = 0$ のみである．よって $\boldsymbol{x}_1, \boldsymbol{x}_2$ は 1 次独立である．

(2) c_1, c_2 を実数とし，$c_1\boldsymbol{x}_1 + c_2\boldsymbol{x}_2 = \begin{bmatrix} 3 \\ 5 \end{bmatrix}$ が成り立つとする．このベクトルの関係式は $\begin{cases} c_1 + c_2 = 3 \\ c_1 - c_2 = 5 \end{cases}$ と同値である．これを c_1, c_2 に関する連立 1 次方程式と考えて解くと，解は $c_1 = 4$, $c_2 = -1$ であるから $\begin{bmatrix} 3 \\ 5 \end{bmatrix} = 4\boldsymbol{x}_1 + (-1)\boldsymbol{x}_2$ と表される．

0.4.3 c_1, c_2 を実数とし，$c_1\boldsymbol{x}_1 + c_2\boldsymbol{x}_2 = \boldsymbol{0}$ が成り立つとする．これを c_1, c_2 に関する連立 1 次方程式に読み替えて解くと，解は $c_1 = c_2 = 0$ に限ることがわかるので，$\boldsymbol{x}_1, \boldsymbol{x}_2$ は 1 次独立である．

0.4.4 c_1, c_2, c_3 を実数とし，$c_1\boldsymbol{x}_1 + c_2\boldsymbol{x}_2 + c_3\boldsymbol{x}_3 = \boldsymbol{0}$ が成り立つとする．これを c_1, c_2, c_3 に関する連立 1 次方程式に読み替えて解くと，解は $c_1 = c_2 = c_3 = 0$ に限ることがわかるので，$\boldsymbol{x}_1, \boldsymbol{x}_2, \boldsymbol{x}_3$ は 1 次独立である．

● 0.5 節

0.5.1 (1) 0 (2) 0 (3) 1 (4) 7 (5) 0 (6) 0

0.5.2 $\boldsymbol{x}_1, \boldsymbol{x}_2$ を並べた 2 次正方行列の行列式 $|\boldsymbol{x}_1, \boldsymbol{x}_2|$ の値を求めると $|\boldsymbol{x}_1, \boldsymbol{x}_2| = \begin{vmatrix} 1 & 1 \\ 1 & -1 \end{vmatrix} = -2 \neq 0$ であるから，$\boldsymbol{x}_1, \boldsymbol{x}_2$ は 1 次独立である．

0.5.3 $|\boldsymbol{x}_1, \boldsymbol{x}_2, \boldsymbol{x}_3| = \begin{vmatrix} 1 & 3 & 1 \\ 2 & 2 & -1 \\ 3 & 1 & 1 \end{vmatrix} = -22 \neq 0$ であるから，$\boldsymbol{x}_1, \boldsymbol{x}_2, \boldsymbol{x}_3$ は 1 次独立である．

0.5.4 $f(x) = g_{11}(x)g_{22}(x) - g_{12}(x)g_{21}(x)$ を微分した式と，問題文で与えられた $f'(x)$ の式が同一であることを確かめる．

● 0.6 節

0.6.1 (1) $3+5i$ (2) $4+i$ (3) $-7-4i$ (4) $\frac{7}{5}+\frac{4}{5}i$

0.6.2 (1) 5 (2) $4+i$ (3) $|(2+5i)(-1+7i)| = |2+5i| \times |-1+7i| = 5\sqrt{58}$

(4) $\left|\dfrac{2+3i}{3-2i}\right| = \dfrac{|2+3i|}{|3-2i|} = 1$

0.6.3 $z = \frac{1}{2}+i,\ w = \frac{1}{2}-i$

0.6.4 $e^0 = \cos 0 + i\sin 0 = 1+0 = 1$

0.6.5 $2e^{-x}(\cos 3x - 2\sin 3x)$

● 1.1 節

1.1.1〜1.1.3 いずれも，方程式の左辺，右辺にそれぞれ代入して同じ関数になることを確認する．

● 1.2 節

1.2.1 C を任意定数とする．任意定数の定義の違いにより，解の別の表現がありえる．

(1) $y = Ce^{x^3}$ (2) $y = -\dfrac{1}{x^2+5x+C}$ (3) $y = \tan\left(\frac{1}{2}x^2 + C\right)$

(4) $y = \dfrac{1-Ce^{x^2}}{1+Ce^{x^2}}$

1.2.2 $y = \dfrac{6}{1+5e^{-2x}}$

1.2.3 C を任意定数とする．任意定数の定義の違いにより，解の別の表現がありえる．

(1) $y = \dfrac{x^2}{C-x}$（たとえば $y = \dfrac{Dx^2}{1-Dx}$ も解であり $D = C^{-1}$ である．）

(2) $y^2 = x^2 + Cx^4$ (3) $y = \dfrac{bx}{1-a} + Cx^3$

1.2.4 円 $(x-1)^2 + y^2 = 1$ の $y > 0$ の部分．

● 1.3 節

1.3.1 C を任意定数とする．任意定数の定義の違いにより，解の別の表現がありえる．

(1) $y = \dfrac{1}{2} + Ce^{-x^2}$ (2) $y = -e^{-x^2} + Ce^{-\frac{x^2}{2}}$ (3) $y = \dfrac{x^2}{3} + \dfrac{C}{x}$

(4) $y = \dfrac{x}{2} + \dfrac{C}{x}$

1.3.2 $y = -\frac{1}{3}e^{-2x} + \frac{4}{3}e^x$

1.3.3 $\displaystyle\int \frac{1}{y}\,dy = -\int p(x)\,dx$ より $\log|y| = -\displaystyle\int p(x)\,dx + C_1$（$C_1$ は積分定数），

これを整理すればよい．

1.3.4 (1) $u'(x) = q(x)e^{\int p(x)dx}$

(2) $u(x) = \displaystyle\int q(x)e^{\int p(x)dx}\,dx + C$ （C は任意定数）

(3) $y = e^{-\int p(x)dx}\displaystyle\int q(x)e^{\int p(x)dx}dx + Ce^{-\int p(x)dx}$ （C は任意定数）

1.3.5 $u = y^{1-\alpha} = y^{1-2} = 1/y$ と変数変換して $u' + au = a/b$, その一般解は $u = Ce^{-ax} + \frac{1}{b}$ （C は任意定数），よって $y = \dfrac{1}{u} = \dfrac{1}{Ce^{-ax} + \frac{1}{b}}$.

● 1.4 節

1.4.1 C を任意定数とする．

(1) $\dfrac{\partial}{\partial y}(x^2 - 6xy^2) = -12xy = \dfrac{\partial}{\partial x}(-6x^2y + 4y)$ より完全型である．一般解は $\frac{1}{3}x^3 - 3x^2y^2 + 2y^2 = C$.

(2) $\dfrac{\partial}{\partial y}(e^y - x) = e^y = \dfrac{\partial}{\partial x}(xe^y + 1)$ より完全型である．一般解は $xe^y - \frac{1}{2}x^2 + y = C$.

1.4.2 $\mu(x,y) = e^{\int p(x)dx}$ は x だけの式であることに注意すると，

$$\frac{\partial}{\partial y}\{p(x)y - q(x)\}\mu(x,y) = p(x)e^{\int p(x)dx} = \frac{\partial}{\partial x}\mu(x,y)$$

が成り立つことがわかるから，この $\mu(x,y)$ は積分因子である．

1.4.3 (1) $\dfrac{\partial}{\partial y}p(x,y)\mu(x,y) = p_y(x,y)\mu(x,y)$ である．一方，

$$\frac{\partial}{\partial x}q(x,y)\mu(x,y) = q_x(x,y)\mu(x,y) + q(x,y)M(x,y)\mu(x,y) = p_y(x,y)\mu(x,y)$$

であり，両者は一致することから，与えられた $\mu(x,y)$ は積分因子である．

(2) (1) と同様に示せる．

● 2.1 節

2.1.1 c_1, c_2 は任意定数とする．

(1) $y = c_1e^{-x} + c_2e^{-4x}$ (2) $y = c_1e^{-\frac{x}{2}}\cos\frac{\sqrt{7}}{2}x + c_2e^{-\frac{x}{2}}\sin\frac{\sqrt{7}}{2}x$

(3) $y = c_1e^{4x} + c_2xe^{4x}$

2.1.2 (1) $y = 2e^{-2x} - e^{-3x}$ (2) $y = e^{-x}\sin x$ (3) $y = 2e^{-4x} + 8xe^{-4x}$

2.1.3 y_1, y_2 は (2.2) の解であるから $(y_1)'' + p(y_1)' + qy_1 = 0$, $(y_2)'' + p(y_2)' + qy_2 = 0$ が成り立つことに注意する．$y = c_1y_1 + c_2y_2$ を (2.2) 左辺に代入すると

$$\begin{aligned}&\{c_1y_1 + c_2y_2\}'' + p\{c_1y_1 + c_2y_2\}' + q\{c_1y_1 + c_2y_2\}\\&\quad = c_1\{(y_1)'' + p(y_1)' + qy_1\} + c_2\{(y_2)'' + p(y_2)' + qy_2\}\end{aligned}$$

$$= c_1 \cdot 0 + c_2 \cdot 0 = 0 = (\text{右辺})$$

となり，$y(x) = c_1 y_1(x) + c_2 y_2(x)$ は (2.2) を満たすから解である．

2.1.4 $y = e^{\lambda x}$ を代入して整理すればよい．

2.1.5 $y'' - 2ay' + a^2 y = 0$ に $y = u(x)e^{ax}$ を代入すると $u'' = 0$ を得る．2 回積分すると $u = c_1 + c_2 x$ が得られる（c_1, c_2 は任意定数）から，$y = (c_1 + c_2 x)e^{ax}$ が一般解である．

● 2.2 節

2.2.1 $W(y_1, y_2) = -5e^{-x} \neq 0$ に注意して「1 次独立性の判定定理」を用いる．

2.2.2 (1) 問題 0.5.4 と行列式の性質により示せる．

(2) (1) の結果に $y_k{}'' = -\dfrac{p_1(x)}{p_0(x)} y_k{}' - \dfrac{p_2(x)}{p_0(x)} y_k$ $(k = 1, 2)$ を代入し，行列式の性質を用いて整理する．

● 2.3 節

2.3.1 c_1, c_2 は任意定数とする．

(1) $y = c_1 e^x + c_2 e^{-3x} - \frac{1}{3}x - \frac{2}{9}$　(2) $y = c_1 e^{2x} + c_2 e^{3x} + \frac{1}{30}e^{-3x}$

(3) $y = c_1 e^{-x} + c_2 e^{-3x} + \frac{1}{10}\cos x + \frac{1}{5}\sin x$　(4) $y = c_1 e^{-x} + c_2 e^{3x} - \frac{1}{8}(1 + 2x^2)e^x$

2.3.2 c_1, c_2 は任意定数とする．

(1) $y = c_1 e^x + c_2 e^{3x} + \frac{1}{2}xe^{3x}$　(2) $y = c_1 e^{2x} + c_2 xe^{2x} + \frac{1}{2}x^2 e^{2x}$

(3) $y = c_1 e^x + c_2 e^{-2x} + \frac{1}{2}e^x(3\sin x - \cos x)$　(4) $y = c_1 e^x + c_2 xe^x + \frac{1}{6}x^3 e^x$

2.3.3 $\cos^2 x = \frac{1}{2} + \frac{1}{2}\cos\frac{x}{2}$ と変形し，重ね合わせの原理を利用する．
$y = c_1 e^x + c_2 e^{-2x} - \frac{1}{4} + \frac{1}{40}\sin x - \frac{3}{40}\cos x$

2.3.4 $u''(x) + 3u'(x) = 1$ を得るので，x で積分して $u'(x) + 3u(x) = x + C$ となる．ここで C は任意定数である．これを 1 階線形微分方程式とみなして解くと $u(x) = \frac{1}{3}C - \frac{1}{9} + \frac{x}{3} + c_2 e^{-3x}$ を得る．ここで c_2 は任意定数である．また，C は任意定数であったから $\frac{1}{3}C - \frac{1}{9} = c_1$ もやはり任意定数である．結局，2 個の任意定数 c_1, c_2 を含む一般解 $y = u(x)e^x = c_1 e^x + c_2 e^{-2x} + \frac{1}{3}xe^x$ を得る．

● 3.1 節

3.1.1 (1) $\dfrac{4}{s^3} + \dfrac{1}{s^2}$　(2) $\dfrac{1 + \sqrt{3}s}{s^2 + 1}$　(3) $\dfrac{1}{2s} + \dfrac{s}{2(s^2 + 1)}$

3.1.2 (1) $\dfrac{1}{s^2 + 4}$　(2) $\dfrac{1}{2s} - \dfrac{s}{2(s^2 + 4)}$　(3) $\dfrac{s - 2}{\sqrt{2}(s^2 + 4)}$

3.1.3 (1) $\dfrac{1}{s - \log 2} - \dfrac{1}{s}$　(2) $\dfrac{2}{(s + 1)^2} + \dfrac{1}{s + 1}$　(3) $\dfrac{-s - 2 + 2\sqrt{3}}{2(s^2 + 4s + 8)}$

3.1.4 $(s^2 - 3s + 2)F(s) - s$

3.1.5 (1) $\cos 2x + \sin 2x$　(2) $e^{2x}(2x + 1)$　(3) $e^{-x} - e^{-2x}$　(4) $1 + \cos x$

(5) $e^x + e^{-x} - 2$ (6) $e^x - e^{-x} - 2\sin x$

● **3.2 節**

3.2.1 (1) $y = e^{-x} - \cos x + \sin x$ (2) $y = 1 - e^{-x} - x$ (3) $y = 3e^{2x} - 2e^x - xe^x$
(4) $y = xe^x - \sin x$ (5) $y = 1 - e^{-x}$ (6) $y = 3xe^x - e^x + \cos x$

3.2.2 $y = c_1 \cos x + c_2 \sin x + x^2 e^{-x}$

3.2.3 $y = 2\sin x - \sin 2x$

● **4.1 節**

4.1.1 (1) 2 (2) $1/e$ (3) ∞ (4) 0

4.1.2 $\sum_{n=0}^{\infty} (-3)^n x^{2n} \quad \left(|x| < \frac{\sqrt{3}}{3}\right)$

● **4.2 節**

4.2.1 (1) $a_0 \sum_{n=0}^{\infty} \frac{1}{n!} \left(\frac{3}{2}\right)^n x^n$

(2) $a_0 \sum_{m=0}^{\infty} \frac{1}{(2m)!\,2^{2m}} x^{2m} + a_1 \sum_{m=0}^{\infty} \frac{1}{(2m+1)!\,2^{2m}} x^{2m+1}$

(3) $a_0 \left\{1 + \sum_{m=1}^{\infty} \frac{(-1)^{m-1}(2m-3)!!}{(2m)!!} x^{2m}\right\} + a_1 x$

(4) $a_0 \sum_{n=0}^{\infty} \frac{(-1)^n}{(2n+1)!} x^{n+\frac{1}{2}} + b_0 \sum_{n=0}^{\infty} \frac{(-1)^n}{(2n)!} x^n$

(5) $a_0 \sum_{n=0}^{\infty} x^n + b_{-1} \log x \sum_{n=0}^{\infty} x^n$

(6) $a_0 \sum_{n=0}^{\infty} \frac{1}{n!} x^{n+2} + b_0 \left(1 + x + \sum_{n=3}^{\infty} \frac{2+n-n^2}{2 \cdot n!} x^n\right)$

または $\left(a_0 - \frac{b_0}{2}\right) \sum_{n=0}^{\infty} \frac{1}{n!} x^{n+2} + b_0 \sum_{n=0}^{\infty} \frac{1}{n!} x^n$

● **5.1 節**

5.1.1 (1) $2e^{2x} \sin 3t$ (2) $3e^{2x} \cos 3t$ (3) $4e^{2x} \sin 3t$ (4) $-9e^{2x} \sin 3t$
(5) $6e^{2x} \cos 3t$

5.1.2 $6e^{6w} \left(\cos 15w^2 - 5w \sin 15w^2\right)$

5.1.3 (1) $\frac{4e^{2v} w^4 \log(e^{2v} w^4 + 1)}{(e^{2v} w^4 + 1)(v^2 w^4 + 2)} - \frac{2vw^4 (\log(e^{2v} w^4 + 1))^2}{(v^2 w^4 + 2)^2}$

(2) $\frac{8e^{2v} w^3 \log(e^{2v} w^4 + 1)}{(e^{2v} w^4 + 1)(v^2 w^4 + 2)} - \frac{4v^2 w^3 (\log(e^{2v} w^4 + 1))^2}{(v^2 w^4 + 2)^2}$

● **5.2 節**

5.2.1 (1) $u(x,t) = 5t + C(x)$ （$C(x)$ は任意関数） (2) $u(x,t) = 5t + e^{2x} + 1$

5.2.2 (1) $u(x,t)=2e^{2x}t+C(t)$（$C(t)$ は任意関数） (2) $u(x,t)=2e^{2x}t+t^2$

5.2.3 (1) たとえば，$u(x,t)=\varphi(\frac{5}{2}t-x)$（$\varphi(v)$ は任意の微分可能な関数）．

(2) $u(x,t)=\cos(-5t+2x)+1$

● 5.3 節

5.3.1 (1), (2), (4), (5) がラグランジュの偏微分方程式である．

5.3.2 (1) $u(x,t)=e^{\frac{5}{2}t}\cos(xe^{-\frac{3}{2}t})$ (2) $u(x,t)=\dfrac{1}{t+e^{\frac{x}{1-tx}}}$

(3) $u(x,t)=\dfrac{x}{(\frac{1}{t}-\log x)^2}$

● 6.1 節

6.1.1 たとえば，$u(x,t)=x+t$.

6.1.2 (1) 線形，双曲型 (2) 線形，楕円型 (3) 線形，双曲型 (4) 非線形

(5) 準線形 (6) 線形，放物型

6.1.3 $\dfrac{\partial^2 u}{\partial t^2}(x,t)$，$\dfrac{\partial^2 u}{\partial x^2}(x,t)$ をそれぞれ計算し，波動方程式を満たすことを確かめればよい．

● 6.2 節

6.2.1 (1) $\dfrac{\partial u}{\partial t}(x,t)$，$\dfrac{\partial^2 u}{\partial x^2}(x,t)$ を計算し，熱方程式を満たすことを確かめればよい．

(2) $q_x=115.552$

6.2.2 変数変換に対して，合成関数の微分などを用いることで示せる．

6.2.3 ダランベール解を，それぞれの変数 x,t で 2 回偏微分し，波動方程式を満たすことを確かめればよい．

6.2.4 問題のラプラス方程式の解が 2 個（$u_1(x,y), u_2(x,y)$）あるとして，$u(x,y)=u_1(x,y)-u_2(x,y)$ を考える．最大値原理を用いて，$u(x,y)$ が常に 0 になることを示せばよい．

● 6.3 節

6.3.1 (1) $\dfrac{\pi^2}{6}+\displaystyle\sum_{m=1}^{\infty}\left[\frac{2}{m^2}\cos m\pi\cos mx+\left\{-\frac{\pi}{m}\cos m\pi+\frac{2}{m^3\pi}(\cos mx-1)\right\}\sin mx\right]$ (2) $\frac{\pi^2}{12}$

6.3.2 $\displaystyle\sum_{m=1}^{\infty}\frac{40l}{(m\pi)^2}\sin\frac{m}{2}\pi\sin mx$

6.3.3 (f,g) の定義より，積分の性質に帰着させれば示すことができる．

● 6.4 節

6.4.1 (1) $u(x,t)=30e^{-(2\pi)^2t}\sin\frac{2\pi}{3}x$ (2) $u(1,\frac{1}{4\pi^2})=9.5496$

6.4.2 $\dfrac{\partial u}{\partial t}(x,t)$, $\dfrac{\partial^2 u}{\partial x^2}(x,t)$ を計算して，熱方程式を満たすこと，$u(0,t)=u(\ell,t)=0$ と $u(x,0)=\alpha\sin\frac{\beta\pi}{\ell}x$ が成り立っているかを確かめればよい．

● 6.5 節

6.5.1 $u(x,t)=\displaystyle\sum_{m=1}^{\infty}\left\{-\frac{40}{\ell}\left(\frac{\ell}{m\pi}\right)^3(1-\cos m\pi)\right\}e^{-(a\frac{m\pi}{\ell})^2t}\sin\frac{m\pi}{\ell}x$

6.5.2 $u(x,t)=\displaystyle\sum_{m=1}^{\infty}\frac{40}{m\pi}\left(\frac{1}{m\pi}\sin\frac{m\pi}{2}-\cos\frac{m\pi}{2}\right)e^{-(a\frac{m\pi}{\ell})^2t}\sin\frac{m\pi}{\ell}x+10-20\frac{x}{\ell}$

6.5.3 $\dfrac{\partial u}{\partial t}(x,t)$, $\dfrac{\partial^2 u}{\partial x^2}(x,t)$ を計算して，確かめればよい．

6.5.4 熱方程式を満たすことは問題 6.5.3 で確かめた．$u(0,t)=\alpha$, $u(\ell,t)=\beta$ と $u(x,0)=h(x)$ が成り立っているかを確かめればよい．

● 6.6 節

6.6.1 (6.48) で $E_m=6\left(\dfrac{\ell}{m\pi}\right)^3(1+\cos m\pi)$ としたもの．

6.6.2 (6.53) で $m=2,3,5$ に対してそれぞれ $E_2=5$, $E_3=-4$, $E_5=7$ とし，$m\neq 2,3,5$ に対して $E_m=0$ とし，$\widetilde{E}_m=-\dfrac{2}{a}\left(\dfrac{\ell}{m\pi}\right)^2\cos m\pi$ としたもの．

6.6.3 6.4.1 項と同様に示せる．

6.6.4 6.5.1 項と同様に示せる．

● 6.7 節

6.7.1 (1) $\dfrac{2}{\sqrt{2\pi}\alpha\xi}\sin\dfrac{\alpha\xi}{2}$ (2) $\sqrt{2\pi}\delta(\xi-\alpha)$

6.7.2 $\frac{1}{\sqrt{2\pi}}$

6.7.3 $e^{-i\alpha\xi}\widehat{f}(\xi)$

6.7.4 $f*g(x)=\begin{cases}0 & (x<-1)\\ \frac{1}{\sqrt{2\pi}}(1-e^{-(x+1)}) & (-1\leq x\leq 1)\\ \frac{1}{\sqrt{2\pi}}(e-e^{-1})e^{x} & (1<x)\end{cases}$

● 6.8 節

6.8.1 $\dfrac{1}{\sqrt{4a^2t+1}}e^{\frac{a^2t}{4a^2t+1}-\frac{x}{4a^2t}}$

6.8.2 $u(x,y)=\dfrac{1}{\pi}\left(\tan^{-1}\dfrac{x+1}{y}-\tan^{-1}\dfrac{x-1}{y}\right)$

6.8.3 $\dfrac{\partial^2 u}{\partial x^2}(x,y)$, $\dfrac{\partial^2 u}{\partial y^2}(x,y)$ を計算して，確かめればよい．

索　引

数字・欧文

あ　行

か　行

さ　行

た　行

な　行

は　行

ま　行

や　行

ら　行

わ

著者略歴

礒島　伸（いそじま　しん）

現　在　法政大学教授
博士（数理科学）

村田　実貴生（むらた　みきお）

現　在　東京農工大学准教授
博士（数理科学）

安田和弘（やすだ　かずひろ）

現　在　法政大学准教授
博士（理学）

2021年6月15日　初版発行

常微分・偏微分方程式の基礎

著　者　礒島　伸
村田実貴生
安田和弘
発行者　山本　格

発行所　株式会社　培風館
東京都千代田区九段南 4-3-12・郵便番号 102-8260
電話 (03) 3262-5256（代表）・振替 00140-7-44725

三美印刷・牧 製本

PRINTED IN JAPAN

ISBN 978-4-563-01168-0　C3041